非线性系统中的随机延迟效应

张　春　陈汝印　杨　涛◎著

中国石化出版社
·北京·

内 容 提 要

非线性系统中的随机延迟效应研究近年来备受关注，已经发展为一个比较成熟的研究方向，在物理学、数学、生物学等自然学科中都得到了广泛的应用。本书共7章，第1~2章阐述了不同非线性系统以及随机延迟的相关理论，第3~7章阐述了随机延迟在非线性电路动力学系统、基因表达系统、种群动力学系统、反常输运系统以及视觉多稳态系统中的应用，包括对此类非线性系统的模型建立、数值模拟和理论分析。本书论述较为浅显易懂，推导较为详尽，着重从物理学的角度探讨其中的潜在机制，并给出相关的物理解释。

本书可供物理学、系统科学、生物物理学、数学、神经科学及相关学科的研究人员及高校师生阅读参考。

图书在版编目(CIP)数据

非线性系统中的随机延迟效应 / 张春，陈汝印，杨涛著．—北京：中国石化出版社，2024. 11. —ISBN 978-7-5114-7747-7

Ⅰ. O231. 2

中国国家版本馆 CIP 数据核字第 2024GE1342 号

中国石化出版社出版发行

地址：北京市东城区安定门外大街 58 号
邮编：100011 电话：(010)57512500
发行部电话：(010)57512575
http://www.sinopec-press.com
E-mail:press@sinopec.com
北京艾普海德印刷有限公司印刷
全国各地新华书店经销

*

710 毫米×1000 毫米 16 开本 8.75 印张 160 千字
2024 年 11 月第 1 版　2024 年 11 月第 1 次印刷
定价：58.00 元

前　言

PREFACE

20世纪初爱因斯坦对布朗运动做出了完美的解释，随后斯莫卢霍夫斯基和朗之万各自独立地发表了关于布朗运动的理论，这些理论不仅正确地阐述了布朗运动的本质，而且预言了布朗运动的一些特性。这些预言后来得到了法国物理学家皮兰的实验工作的证实。朗之万首次将粒子所受到的无规则碰撞看作“随机力(或噪声)”，提出布朗运动的朗之万方程。随后，朗之万方程在物理、化学、生物、数学和经济等领域得到了广泛的应用。

噪声在自然界中无处不在，无时不有。通常，人们认为噪声是消极的东西，它产生杂乱的运动，起破坏性作用。但是，在非线性系统中，噪声往往起着与人们直觉相反的作用。普里高津指出，在系统发生非平衡相变的分岔点，噪声起着非常重要的作用。噪声的积极性与建设性越来越受到人们的关注。噪声诱导定向输运、噪声增强稳定性等都是噪声积极性方面的例子。噪声可以使输入非线性系统的弱信号放大和优化，这就是被广泛研究的随机共振现象。然而，以往的随机非线性系统的研究中，往往认为系统变量的变化是在瞬间完成的，但是事实并非如此，这个过程需要一定的时间。

时间延迟普遍存在于自然界中，它反映了通过系统传输相关的物质、能量、信息的时间。众所周知，噪声与时间延迟的结合是自然界的普遍规律，并且改变系统的动力学，使系统产生许多更丰富、更复杂的动力学行为。比如，生物生理学控制、生态湖泊系统调控以及其他非线性双稳系统的随机动力学性质的影响等。近年来，人们已在随机动力学系统的时间延迟方面进行了大量的理论和实验研究。比如，奥布拉等研究了时间延迟随机行走的有关现象；吉尤齐克和弗兰克等发展了一套关于随机延迟动力学的统计描述方法，以及马索尔等通过采用一个顶上有空腔的表面发出有延迟的光电子反馈的激光，从实验上分析了有噪声双稳系统的行为。因此，研究非线性系统的随机和延迟效应具有重要的实际意义。

非线性系统中的随机延迟效应在不同领域有着很广泛且重要的应用，对科技发展以及社会的进步有着不可估量的推动作用。本书共分为7章，主要取材于发表在国际重要刊物上的研究成果，以及作者在这方面近年来的相关研究成果，包括非线性电路动力学系统、基因表达系统、种群系统、反常输运和视觉神经系统中的有趣随机延迟效应现象。从物理学的角度探讨了随机延迟效应现象的潜在机制，并给出相关的物理解释。

特别感谢西安石油大学优秀学术著作出版基金、国家自然科学基金(项目编号：12205221)、陕西省自然科学基础研究计划项目(项目编号：2023-JC-QN-0013)、陕西省教育厅专项科研计划项目(项目编号：23JK0604)以及兰州理论物理中心/甘肃省理论物理重点实验室开放基金(项目编号：12247101)的支持。本书从筹划、撰写到成册历时较长，并经多次修改完善，最终定稿。在作者编写书稿的过程中，曾春华教授、聂林如教授、王参军教授等给予了大力帮助和支持，作者在这里表示衷心的感谢。此外，还要感谢西安石油大学理学院的所有领导、同事和家人的支持和鼓励，在此一并表示感谢。

由于编者水平有限，难免存在谬误，敬祈指正。

作者

CONTENTS

目 录

第1章 绪　论

1905 年爱因斯坦对布朗运动做出了完美的解释，随后朗之万通过建立朗之万方程对布朗运动进行了直观而简明的解释，如今朗之万理论在物理、化学、生物、数学和经济等领域已得到广泛的应用。然而，以往的随机非线性系统的研究中，往往认为系统变量的变化是在瞬间完成的，但是事实并非如此，这个过程需要一定的时间。因此，研究系统的随机和延迟效应具有重要的实际意义。

1.1 非线性系统的概述

1963 年，著名气象学家洛伦兹(Lorenz)发表了论文《决定性的非周期流动》，以复杂的天气预测为背景，该论文中引入了洛伦兹方程模拟天气变化。在对初始数据进行四舍五入之后，方程出现了混沌解，即差之毫厘，谬以千里。洛伦兹对此现象打了一个很形象的比喻：在南半球国家巴西某个地方，一只蝴蝶扇动了一下翅膀，几个星期之后就有可能导致处在北半球的美国得克萨斯州的一场龙卷风。这就是著名的“蝴蝶效应”，也是后来被学者们研究的“初值敏感依赖性”。刻画生物种群数量演化规律的逻辑斯蒂方程也是另一个典型的非线性系统例子。这两个方程都具有一个显著的特点：自反馈性和非线性。基于自反馈性而不断累积的微小误差，可以使系统中的状态量偏离既定的轨道，而非线性更使得系统的轨道偏离确定性路径，这就是非线性系统让人难以把握之处。在自然界中，大量的系统都属于复杂的非线性系统，如起伏的地球表面、气候的变化，以及经济周期的变化等。一直以来，非线性科学致力于诠释自然界中的绚丽多彩以及复杂多变。随着人类知识的不断积累，人们开始研究物理、生命科学以及社会领域中各种非线性现象。实际上，在科学研究和工程应用中，人们常常需要面对并处理许多复杂系统中的非线性问题。

非线性系统作为一个重要的研究领域，源于多个学科的交叉探索。最早对非线性系统的研究可以追溯到 19 世纪末期和 20 世纪初期，当时的数学家和物理学家开始意识到线性系统无法完全描述自然界的复杂现象。随着数学、物理和工程学的发展，非线性动力系统逐渐成为研究的焦点。非线性系统不仅存在双稳态，也存在多稳态的情况。双稳态系统的特征在于系统具有两个稳定的平衡态，系统的状态会在外界扰动下在这两个平衡态之间转换。这种特性使得双稳态系统在理论研究和实际应用中都具有重要的意义。本书首先通过电路非线性动力学系统、基因表达系统、种群动力系统、反常输运系统讨论了双稳态系统的随机延迟效应，然后讨论了视觉多稳态系统中存在的随机延迟效应现象。

(1) 电路非线性动力系统

电路非线性动力系统是非线性科学研究的重要领域之一。经典的例子包括具有负阻特性的隧道二极管和具有电流负反馈的晶体管放大器。通过分析这些电路系统的动态行为，可以更好地理解电路非线性系统的基本特性和控制方法。此外，这些研究还在通信、信号处理和电子器件设计中得到广泛的应用。本书中将考虑一种“原型动力系统”。该系统的动态行为应由感兴趣的主要现象主导，可以进行直接的数值和分析研究。原型系统的例子是经典系统的标准形式，如范德波尔振荡器、杜芬振荡器和洛伦兹振子，或平滑和不连续振荡器，它们对于动态系统理论的发展至关重要。

(2) 基因表达系统

大自然中生物体的生、长、病、老、死等一切生命现象都与基因有关。基因是遗传的物质基础，而 DNA 又是主要的遗传物质，是遗传信息的载体。在生物体中，遗传信息的传递遵循着特定的规律，DNA 合成 mRNA 的过程称为转录，mRNA 运输到细胞核外合成有功能作用的蛋白质的过程称为翻译，蛋白质最后渗透到细胞核内促进或者抑制 DNA 转录。其实这整个过程遵循的法则就是中心法则，也就是基因表达。基因表达是非常复杂的过程，受到内外因素的影响，而波动和时间延迟是其中两个重要的因素。随着世界分子生物学研究的不断深入，基因表达技术有了很大的提高。因此，现在有大量的理论模型都是模拟基因转录这个过程的调控，并且考虑波动和时间延迟对转录和翻译过程的影响。这些模型包括非线性的相互作用力、正负信号反馈、时间延迟、蛋白质的低聚合化以及各种反馈路径之间的干扰，并且在一定程度上与实验结果相符合。

(3) 种群动力学系统

如果说生态学研究中实验室是大自然的微观化，那么种群动力学模型则是大自然生态的数量化微缩，这种微缩一旦实现，就可以使人们易于观察这个生态系统的未来变化以及制定相对应的调控措施。在生态学中，种群系统的双稳态现象也广泛存在。某些生态系统可以在两种不同的状态之间转换，水域中鱼类的捕捞、森林的开发利用、草原的放牧等都不能过量，否则会导致资源的枯竭。那么怎样才是适量？对于具体的地区与具体的环境，如果制定方案，种群动力学模型就是极好的工具。通过种群动力学模型，可以寻找最优开发的量值，从而可以更好地理解生态系统的稳定性和可持续性，并为生态保护和资源管理提供科学依据。

(4) 反常输运系统

粒子定向输运广泛应用于物理、材料和生物等学科领域，一直是人们关注的热点问题。生物之所以有生命，是因为其内部不断地新陈代谢，不断地进行粒子和能量的输运。粒子的定向输运也可应用于生物工程技术和纳米技术，如钠钾腺苷三磷酸酶离子泵、马达蛋白及纳米机器等。在实验室里，科学工作者已经在纳米孔膜、平板轨道及光陷阱等人造布朗马达中实现粒子或能量的输运以及对布朗马达的能量转换效率的测定。粒子的定向输运分为正常输运和反常输运。当对一个一维静止粒子施加一个作用力时，通常情况下该粒子总是顺着该力的方向运动，这就是常见的正常输运。然而在一些特殊情形下，并不总是如此，粒子可能做反抗该力的运动。粒子的系统平均速度随着该力的增大而减小，这种现象称为绝对负迁移率。绝对负迁移率现象属于一种反常输运行为。另一种反常输运现象是流反转，即它的系统平均速度方向随着它所处系统的某个参数的变化而发生改变的现象。在很长一段时间里，流反转作为一种重要的反常输运现象，被广泛应用于粒子分离、细胞内输运及约瑟夫森结输运等。

(5) 视觉多稳态系统

视觉多稳态知觉交替是一种有趣的视知觉现象，发生在双眼接收不相容或模棱两可的歧义视觉刺激输入时，大脑主观知觉会产生两种及以上的解释并自发且随机交替出现。由于视觉刺激恒定不变而大脑意识自发切换这一特性，多稳态知觉交替行为对于研究和理解大脑意识变化规律具有重要意义，并逐步成为认知神经科学、计算神经科学、心理物理学及临床医学等领域的研究热点。双眼竞争作为一种典型的视觉多稳态知觉交替现象，在视觉领域受到广泛的关注。实际上面对更加复杂的视觉信息时，大脑主观感知会随着时间的推移出现两种以上的解释，且需要调动更高级的功能区域共同处理相互冲突的视觉刺激。因此，多稳态知觉也是挖掘感觉和认知整合机制(如分组与反馈机制、结合过程、连贯知觉和物体表征等)的重要工具。从双稳态到多稳态知觉进行研究扩展和深入对于更好地理解视觉意识及其潜在皮层机制是必然和有效的。

1.2 随机延迟效应的概述

自然界中的许多生物、物理等系统都是开放的，与外界环境不断交换物质和能量，系统与周围环境的作用则通常表现出随机性，物理学中用噪声或者随机力来刻画这种相互作用。因此，噪声在自然界中无处不在，在许多物理、化学、生物研究领域中噪声起着非常重要的作用。近年来有研究表明，在非线性随机系统中，即使是弱噪声也会产生在确定性情况下没有类似物的意外现象。这些由噪声引起的现象，如随机共振、噪声诱导的转变、噪声增强稳定性、随机分岔、噪声引起的混沌和秩序，以及随机兴奋性仍然吸引了许多来自不同科学领域的研究者的关注。在物理学中，时间延迟反映了与物质、能量和信息通过系统传输相关的传输时间。此外，时间延迟改变了系统的动态特性并带来了一系列有趣且重要的结果，例如，时间延迟诱导行波解、相干共振、兴奋性、周期性同步振荡和随机共振。对于影响全球人类生存的问题，时间延迟也非常重要。例如，时间延迟也是研究 COVID-19 传播动力学机制的关键因素。

时间延迟同样是神经系统的固有属性，其普遍存在于非线性生物系统中，由于系统中传播物质、能量和信息的传播速度有限，不可能瞬间到达系统的每一个部分并且参与影响系统的行为。神经系统存在多种延迟效应，这些延迟效应影响神经信号的传递和处理，从而影响行为和认知功能。常见的延迟效应如神经传导延迟（神经元电信号传导，并受到神经元直径、髓鞘等因素影响）、突触延迟（突触神经递质的释放与再吸收）、神经元兴奋延迟（到达最大兴奋状态的时间）、神经可塑性延迟（神经系统适应环境和经验的过程）等。时间延迟体现了自然系统本身对自身的状态存在记忆效应，是神经系统的一个重要特征，它和噪声在系统中通常被视为一个统一的整体并普遍存在于生物系统的信息传递中。因此，在多稳态知觉交替问题中研究噪声和延迟效应对系统功能的影响及协同作用是必要的。

通过对电路非线性动力系统、基因系统和种群系统的详细探讨，本书将全面介绍非线性双稳态系统的理论基础、数学模型、数值方法和实际应用。希望读者通过本书的学习，能够深入理解这一领域的研究成果，并在自己的研究和实践中进行应用。

参 考 文 献

[1] EINSTEIN A. Über die von der molekularkinetischen Theorie der Wärme geforderte Bewegung von in ruhenden Flussigkeiten suspendierten Teilchen[J]. Ann. Phys., 1905, 322(8): 549-560.

[2] LANGEVIN P. Sur la theorie de movement brownien. C. R. Acad. Sci. (Paris) 1908, 146: 530; see also: D. S. Lemons and A. Gythiel. Paul Langevin's 1908 paper On the theory of Brownian motion, Sur la théorie du mouvement brownien[J]. C. R. Acad. Sci. (Paris) 1908, 146: 530; Am. J. Phys., 1997, 65: 1079.

[3] CAI J C, MEI D C. Influence of time delay on stochastic resonance in the tumor cell growth model [J]. Mod. Phys. Lett. B, 2008, 22: 2759.

[4] HUBER D, TSIMRING L S. Dynamics of an ensemble of noisy bistable elements with global time delayed coupling[J]. Phys. Rev. Lett., 2003, 91: 260601.

[5] CURTIN D, HEGARTY S P, GOULDING D, et al. Distribution of residence times in bistable noisy systems with time-delayed feedback[J]. Phys. Rev. E, 2004, 70: 031103.

[6] HOULIHAN J, GOULDING D, BUSCHET T H, et al. Experimental investigation of a bistable

system in the presence of noise and delay[J]. Phys. Rev. Lett., 2004, 92: 050601.
[7] ZHANG C, ZENG J K, TIAN D, et al. Delays-based protein switches in a stochastic single-gene network[J]. Physica A, 2015, 434: 68-83.
[8] YANG T, ZHANG C, ZENG C H, et al. Delays and noises induced regime shift and enhanced stability in a gene expression dynamics[J]. J. Stat. Mech.: Theor. Exp., 2014(12): 12015.
[9] YANG T, ZHANG C, HAN Q L, et al. Noises- and delayenhanced stability in a bistable dynamical system describing chemical reaction[J]. Eur. Phys. J. B, 2014, 87(6): 1-11.
[10] YANG T, HAN Q L, ZENG C H, et al. Transition and resonance induced by colored noises in tumor model under immune surveillance[J]. Indian J. Phys., 2014, 88(11): 1211-1219.
[11] YANG T, HAN Q L, ZENG C H, et al. Delay-induced state transition and resonance in periodically driven tumor model with immune surveillance[J]. Cent. Eur. J. Phys., 2014, 12(6): 383-391.
[12] ZENG C H, YANG T, HAN Q L, et al. Noises-induced toggle switch and stability in a gene regulation network[J]. Int. J. Mod. Phys. B, 2014, 0: 1450223.
[13] ZENG C H, WANG H, YANG T, et al. Stochastic delayed monomer-dimer surface reaction model with various dimer adsorption[J]. Eur. Phys. J. B, 2014, 87: 134.
[14] LORENZ E N. Deterministic nonperiodic flow[J]. Journal of the Atmospheric Sciences, 1963, 20 (2): 130-141.
[15] 陈之荣. 地球表层系统非线性演化模式 [J]. 地球物理学报, 1987 (4): 389.
[16] HOUGHTON J T, JENKINS G J, EPHRAUMS J J. Climate change [M]. United Kingdom, 1990.
[17] SHAPIRO M D, WATSON M W. Sources of business cycle fluctuations [J]. NBER Macroeconomics Annual, 1988, 3: 111-148.
[18] CANOVA F. Detrending and business cycle facts[J]. Journal of Monetary Economics, 1998, 41 (3): 475-512.
[19] A. Uçar. On the chaotic behaviour of a prototype delayed dynamical system [J]. Chaos Solitons Fractals, 2003, 16(2): 187-194.
[20] KRUPA M, POPOVIC N, KOPELL N. Mixed-mode oscilla-tions in three time-scale systems: A prototypical example [J]. SIAM J. Appl. Dyn. Syst., 2008, 7(2): 361-420.
[21] B. van der Pol. On "relaxation oscillations" [J]. Philos. Mag. Sci., 1926, 2(11): 978-992.
[22] DUFFING G. Erzwungene schwingungen bei veranderlich eigenfrequenz und ihre technishe bedentung[M]. Friedrich Vieweg & Sohn, Braunschweig, 1918.
[23] CAO Q, WIERCIGROCH M, PAVLOVSKAIA E E, et al. Thompson. Archetypal oscillator for smooth and dis-continuous dynamics[J]. Phys. Rev. E, 2006, 74(4): 046218.
[24] CRICK F. On protein synthesis[J]. In Symp. Soc. Exp. Biol., 1958, 12(138-63): 8.
[25] CRICK F. Central dogma of molecular biology[J]. Nature, 1970, 227(5258): 561-563.
[26] ROSENFELD S. Characteristics of transcriptional activity in nonlinear dynamics of genetic regulatory networks[J]. Gene Regulation and Systems Biology, 2009, 3: 159-179.
[27] ZHANG H, CHEN Y, CHEN Y. Noise propagation in gene regulation networks involving inter-

linked positive and negative feedback loops[J]. PLoS One, 2012, 7(12): e51840.

[28] GAFFNEY E A, MONK N A M. Gene expression time delays and Turing pattern formation systems[J]. Bulletin of Mathematical Biology, 2006, 68: 99-130.

[29] GHIM C M, ALMAAS E. Genetic noise control via protein oligomerization[J]. BMC Systems Biology, 2008, 2: 1-13.

[30] MACNEIL L T, WALHOUT A J. Gene regulatory networks and the role of robustness and stochasticity in the control of gene expression[J]. Genome Research, 2011, 21(5): 645-657.

[31] CUDDINGTON K, WILSON W G, HASTINGS A. Ecosystem engineers: feedback and population dynamics[J]. The American Naturalist, 2009, 173(4): 488-498.

[32] PAGEL J, SCHURR F M. Forecasting species ranges by statistical estimation of ecological niches and spatial population dynamics[J]. Global Ecology and Biogeography, 2012, 21(2): 293-304.

[33] HANGGI P, MARCHESONI F. Artificial brownian motors: Controlling transport on the nanoscale[J]. Rev. Mod. Phys., 2009, 81(1): 387-442.

[34] REIMANN P. Brownian motors: Noisy transport far from equilibrium[J]. Phys. Rep., 2002, 361(2/3/4): 257-265.

[35] ASTUMIAN R D. Thermodynamics and kinetics of a Brownian motor[J]. Science, 1997, 276(5314): 917-922.

[36] JÜLICHER F, AJDARI A, PROST J. Prost. Modeling molecular motors[J]. Rev. Mod. Phys., 1997, 69(4): 1269-1281.

[37] ROS A, EICHHORN R, REGTMEIER J, et al. Brownian motion: Absolute negative particle mobility[J]. Nature, 2005, 436(7053): 928.

[38] JIA Y, LI J R. Reentrance phenomena in a bistable kinetic model driven by correlated noise[J]. Phys. Rev. Lett., 1997, 78(6): 994.

[39] LI J H, LUCZKA J, HÄNGGI P. Transport of particles for a spatially periodic stochastic system with correlated noises[J]. Phys. Rev. E, 2001, 64(1): 011113.

[40] DU L C, MEI D C. Absolute negative mobility in a vibrational motor[J]. Phys. Rev. E, 2012, 85(1): 011148.

[41] 胡岗. 随机力与非线性系统[M]. 上海：上海科学技术出版社，2000.

[42] XU Y, LI Y G, ZHANG H, et al. The switch in a genetic Toggle system with Lévy noise[J]. Sci. Rep., 2016, 6(1): 31505.

[43] WERON A, WERON R. Computer simulation of Lévy α-stable variables and processes[J]. Lect. Notes. Phys., 1995, 457: 379-392.

[44] REGTMEIER J, EICHHORN R, DUONG T T, et al. Pulsed-field separation of particles in a microfluidic device[J]. Eur. Phys. J. E, 2007, 22: 335-340.

[45] EICHHORN R, REGTMEIER J, ANSELMETTI D, et al. Particle sorting by a structured microfluidic ratchet device with tunable selectivity: Theory and Experiment[J]. Soft Matter, 2010, 6(9): 1858-1862.

[46] BRASCAMP J, STERZER P, BLAKE R, et al. Multistable perception and the role of the front-

oparietal cortex in perceptual inference[J]. In Fiske S T (ed) Annual Review of Psychology, 2018, 69(1): 77-103.

[47] PACK C C, THEOBALD J C. Fruit flies are multistable geniuses[J]. Plos Biology, 2018, 16(2): e2005429.

[48] CAO R, PASTUKHOV A, MATTIA M, et al. Collective activity of many bistable assemblies reproduces characteristic dynamics of multistable perception[J]. Journal of Neuroscience, 2016, 36 (26): 6957-6972.

[49] HUGUET G, RINZEL J, HUPE J M. Noise and adaptation in multistable perception: Noise drives when to switch, adaptation determines percept choice[J]. Journal of Vision, 2014, 14(3): 19.

[50] RIESEN G, NORCIA A M, GARDNER J L. Humans perceive binocular rivalry and fusion in a tristable dynamic state[J]. Journal of Neuroscience, 2019, 39 (43): 8527-8537.

[51] RURUP L, MATHES B, SCHMIEDT-FEHR C, et al. Altered gamma and theta oscillations during multistable perception in schizophrenia[J]. International Journal of Psychophysiology, 2020, 155: 127-139.

[52] YANG T, ZHANG C, HAN Q L, et al. Noises- and delay enhanced stability in a bistable dynamical system describing chemical reaction[J]. Eur. Phys. J. B, 2014, 87(6): 1-11.

[53] FULINSKI A, TELEJKO T. On the effect of interference of additive and multiplicative noises [J]. Phys. Lett. A, 1991, 152(1/2): 11-14.

[54] ZENG C H, WANG H, Noise-and delay-induced phase transitions of the dimer-monomer surface reaction model[J]. Chemical Physics, 2012, 402: 1-5.

[55] WANG C J, WEI Q, MEI D C. Associated relaxation time and the correlation function for a tumor cell growth system subjected to color noises[J]. Phys. Lett. A, 2008, 372 (13): 2176-2182.

[56] ZENG C H, WANG H. Colored noise enhanced stability in a tumor cell growth system under immune response[J]. J. Stat. Phys., 2010, 141: 889-908.

[57] ANISHCHENKO V S, ASTAKHOV V, NEIMAN A, et al. Schimansky-Geier, Nonlinear dynamics of chaotic and stochastic systems: Tutorial and modern developments[M]. Springer, Berlin, 2007.

[58] MCDONNELL M D, STOCKS N G, PEARCE C E M, et al. Stochastic resonance: From suprathreshold stochastic resonance to stochastic signal quantization[M]. Cambridge: Cambridge University Press, 2008.

[59] HORSTHEMKE W, LEFEVER R. Noise-induced nonequilibrium phase transitions[J]. Noise Induced Trans. Theory Appl. Phys. Chem. Biol. , 1994, 73(25): 108-163.

[60] MANTEGNA R N, SPAGNOLO B. Noise enhanced stability in an unstable system [J]. Phys. Rev. Lett. , 1996, 76(4): 563.

[61] LEFEVER R, TURNER J W. Sensitivity of a Hopf bifurcation to multiplicative colored noise[J]. Phys. Rev. Lett. , 1986, 56(16): 1631.

[62] LAI Y C, TÉL T. Transient chaos: Complex dynamics on finite time scales[J]. Springer, Ber-

lin, 2011, 173.

[63] PIKOVSKY A S, KURTHS J. Coherence resonance in a noise-driven excitable system[J]. Phys. Rev. Lett., 1997, 78(5): 775.

[64] DENG F, LUO Y, FANG Y, et al. Temperature and friction-induced tunable current reversal, anomalous mobility and diffusions[J]. Chaos Sol. Fract., 2021, 147: 110959.

[65] WANG C, YI M, YANG K. Time delay-accelerated transition of gene switch and-enhanced stochastic resonance in a bistable gene regulatory model[C]. In: 2011 IEEE International Conference on Systems Biology (ISB), IEEE, 2011: 101-110.

[66] YANG T, ZHANG C, HAN Q, et al. Noises-and delay-enhanced stability in a bistable dynamical system describing chemical reaction[J]. Eur. Phys. J. B, 2014, 87: 1-11.

[67] BRESSLOFF P, COOMBES S. Traveling waves in a chain of pulse-coupled oscillators[J]. Phys. Rev. Lett., 1998, 80(21): 4815.

[68] HUBER D, TSIMRING L. Dynamics of an ensemble of noisy bistable elements with global time delayed coupling[J]. Phys. Rev. Lett., 2003, 91(26): 260601.

[69] PIWONSKI T, HOULIHAN J, BUSCH T, et al. Delay-induced excitability[J]. Phys. Rev. Lett., 2005, 95(4): 040601.

[70] CRAIG E, LONG B, PARRONDO J, et al. Effect of time delay on feedback control of a flashing ratchet[J]. Europhys. Lett., 2007, 81(1): 10002.

[71] WADOP NGOUONGO Y, DJOLIEU FUNAYE M, DJUIDJ'E KENMO'E G, et al. Stochastic resonance in deformable potential with time-delayed feedback[J]. Philos. Trans. R. Soc. A, 2021, 379(2192): 20200234.

[72] SHAO N, CHENG J, CHEN W. The reproductive number R_0 of COVID-19 based on estimate of a statistical time delay dynamical system[J]. MedRxiv, 2020: 2020-02.

[73] NG K Y, GUI M M. Covid-19: Development of a robust mathematical model and simulation package with consideration for ageing population and time delay for control action and resusceptibility[J]. Phys. D: Nonlinear Phenomena, 2020, 411: 132599.

[74] DEVALLE F, MONTBRIO E, PAZO D. Dynamics of a large system of spiking neurons with synaptic delay[J]. Physical Review E, 2018, 98 (4): 042214.

[75] ZHEN B, XU J. Simple zero singularity analysis in a coupled FitzHugh-Nagumo neural system with delay[J]. Neurocomputing, 2010, 73 (4/5/6): 874-882.

[76] POPOVYCH O V, HAUPTMANN C, TASS P A. Effective desynchronization by nonlinear delayed feedback[J]. Physical Review Letters, 2005, 94 (16): 164102.

[77] GUO Z, GONG S, HUANG T. Finite-time synchronization of inertial memristive neural networks with time delay via delay-dependent control[J]. Neurocomputing, 2018, 293: 100-107.

[78] TUMULTY J S, ROYSTER M, CRUZ L. Columnar grouping preserves synchronization in neuronal networks with distance-dependent time delays[J]. Phy. Re. E., 2020, 101 (2): 022408.

第2章　随机和延迟的相关理论

本章概述了随机和延迟动力学基础知识以及研究方法，包括理论分析和随机模拟两部分。第一部分介绍了从朗之万方程到延迟福克-普朗克方程的推导以及高斯白噪声、关联噪声等基本概念。第二部分介绍了从朗之万方程出发，利用计算机对参量进行直接模拟的计算方法，通常数值模拟被认为是对理论分析的检验。

2.1　理论分析

2.1.1　布朗运动的朗之万方程

1828年，英国植物学家布朗首次报道了热力学平衡的溶液中悬浮颗粒运动的二维轨迹(图2-1)。爱因斯坦于1905年研究了这一类无规则运动，给出了较为完美的解释，建立了微观粒子无规则运动的动力学规律与宏观规律之间的联系，并称为布朗运动(brownian motion)。迄今为止，布朗运动是研究微观无规则运动的最佳模型。

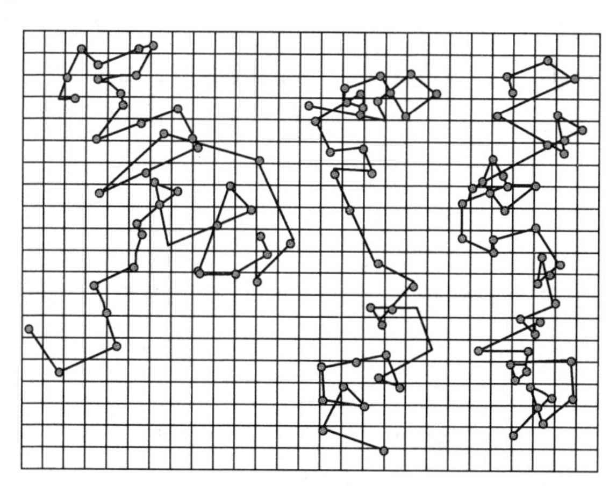

图2-1　花粉颗粒布朗运动实验

但是，爱因斯坦对这一规律并未给出具体的动力学描述。朗之万在此基础上提出了随机力的假设，建立了随机动力学方程——朗之万方程。

设一质量为 m 的布朗粒子以速度 v 在液体中运动，在忽视重力和其他外场的情况下，只考虑布朗粒子在运动过程中与液体分子碰撞产生的阻碍效果，并用黏滞力 $-av$ 来表示这一效果。则布朗粒子运动的宏观方程为：

$$m\dot{v}=-av \tag{2-1}$$

在式(2-1)的宏观描述中，并未考虑分子对布朗粒子无规则的碰撞。用 $F(t)$ 表示此随机冲击力，则由宏观式(2-1)得布朗粒子的随机运动方程：

$$m\dot{v}=-av+F(t) \tag{2-2}$$

其中，$F(t)$ 处理成一种表示随机作用的函数，并根据不同的物理系统赋予它一些合理的统计性质，则在此基础上布朗粒子运动式(2-2)就描述了一个随机过程。将式(2-2)两侧同除以 m，并只考虑一维问题，可得：

$$\dot{v}(t)+\gamma v(t)=\eta(t) \tag{2-3}$$

式中，$\gamma=a/m$ 和 $\eta(t)=F(t)/m$ 分别为单位质量的阻尼系数和分子碰撞涨落力，$\eta(t)$ 就称为朗之万力，而式(2-3)被称为朗之万方程。

式(2-3)是线性朗之万方程。如果考虑布朗粒子处于外场的情形，则由式(2-3)得：

$$\ddot{x}+\gamma\dot{x}=f(x)+\eta(t) \tag{2-4}$$

式中，$f(x)$ 为平均单位质量布朗粒子所受的外场力。在过阻尼的情况下，方程左侧主要是阻尼项起作用，惯性项则可忽略。适当地选择单位使得 $\gamma=1$，则式(2-4)变为：

$$\dot{x}=f(x)+\eta(t) \tag{2-5}$$

如果 $f(x)$ 是 x 的非线性函数，则式(2-5)就是非线性朗之万方程。

式(2-3)中的随机力 $\eta(t)$ 就是我们常说的噪声。如式(2-5)中的 $\eta(t)$，当随机力 $\eta(t)$ 与随机变量无关时，称为加性噪声。当随机力强度与随机变量有关时，即：

$$\dot{x}=f(x)+g(x)\eta(t) \tag{2-6}$$

称为乘性噪声。

噪声从时间轴上的关联性角度考虑可划分为白噪声和色噪声。假设 $\eta(t)$ 具有以下性质：

$$\langle\eta(t)\rangle=0 \tag{2-7}$$

$$\langle\eta(t)\eta(t')\rangle=2D\delta(t-t') \tag{2-8}$$

式(2-8)指出不同时刻的朗之万力互不相关。满足式(2-7)和式(2-8)条件的噪声为白噪声，其中 D 表示噪声强度。由维纳-辛钦定理，对时域中的自关联函数进行傅里叶变换，得到频域中的功率谱：

$$S(\omega)=\int_{-\infty}^{+\infty}\mathrm{e}^{-i\omega\tau}\langle\eta(t)\eta(t-\tau)\rangle\mathrm{d}\tau=2D \tag{2-9}$$

其功率谱 $S(\omega)$ 与频率 ω 无关，是白谱，类似于普通的白光。

真正的白噪声是不存在的，因为它需要无穷大的功率才能产生。相关函数为指数型的高斯色噪声，是常用的一种色噪声模型，即：

$$\langle \eta(t) \rangle = 0 \tag{2-10}$$

$$\langle \eta(t)\eta(t') \rangle = \frac{D}{\tau}\exp\left(-\frac{|t-t'|}{\tau}\right) \tag{2-11}$$

这里 τ 为 $\eta(t)$ 的相关时间，称为自关联时间。当 $\tau \to 0$ 时，式(2-8)就回到式(2-5)，具有式(2-8)相关函数的噪声的功率谱为：

$$S(\omega) = \int_{-\infty}^{+\infty} \mathrm{e}^{-i\omega\tau} \langle \eta(t)\eta(t-\tau) \rangle \mathrm{d}\tau = 2D \tag{2-12}$$

τ 和 ω 的关系是洛伦兹函数关系。如果 τ 很小，研究者感兴趣的频率波段为 $\tau\omega \ll 1$，则这种色噪声的作用可用式(2-5)的白噪声近似代替。

从噪声的来源来看，噪声可分为内噪声和外噪声两种。内噪声是系统内部动力学的结构引起的，内噪声通常是加性的。对于宏观系统来说，内噪声总是很小的。外噪声则来源于系统的外环境，即实际中最常见的控制系统运动的外参数的涨落所引起的噪声。外噪声通常是乘性的。本书中主要研究小噪声。

假设一个随机系统中同时受到两个噪声作用，并设该系统的朗之万方程为：

$$\dot{x} = f(x) + g_1(x)\xi(t) + g_2(x)\eta(t) \tag{2-13}$$

当 $g_1(x)$ 与随机变量 x 无关而为一常量时，噪声 $\xi(t)$ 为加性噪声(内噪声)。当 $g_2(x)$ 与随机变量 x 有关而为 x 的函数时，噪声 $\eta(t)$ 为乘性噪声(外噪声)。

实际上，一个随机系统可能同时受到一个或多个噪声的作用。通过大量的研究发现，不同的噪声之间可能存在相互关联，即为噪声的关联性。常用 δ 函数型表征噪声关联性的模型。设两个噪声分别为 $\xi(t)$ 和 $\eta(t)$，如果它们满足：

$$\langle \xi(t)\eta(t') \rangle = \langle \xi(t')\eta(t) \rangle = 2\lambda\sqrt{D\alpha}\,\delta(t-t') \tag{2-14}$$

则称 $\xi(t)$ 和 $\eta(t)$ 为 δ 函数型关联或白关联，其中 λ 为两噪声的交叉关联强度。当 $\xi(t)$ 和 $\eta(t)$ 之间的关联与时间有关时，为色关联，即：

$$\langle \xi(t)\eta(t') \rangle = \langle \eta(t)\xi(t') \rangle = \frac{\lambda\sqrt{D\alpha}}{\tau}\exp\left(-\frac{|t-t'|}{\tau}\right) \tag{2-15}$$

式中，τ 为交叉关联时间。

2.1.2 高斯白噪声驱动下的福克–普朗克方程

我们把注意力从随机变量的轨道转移到函数 $\rho(x, t)$，即研究随机变量取值 x 的分布函数的演化规律。

从一个马尔可夫过程出发，由 t 时刻的分布函数 $\rho(x, t)$ 导出 $t+\tau$ 时刻的分布函数：

$$\rho(x,\ t+\tau) = \int p(x,\ t+\tau|x',\ t)\rho(x',\ t)\mathrm{d}x' \tag{2-16}$$

为了导出$\rho(x,\ t)$所遵循的微分方程，τ的限制条件为$\tau \ll 1$，则有：

$$\rho(x,\ t+\tau)-\rho(x,\ t)=\frac{\partial\rho(x,\ t)}{\partial t}\tau+O(\tau^2) \tag{2-17}$$

对以下恒等式：

$$\rho(x,\ t+\tau|x',\ t) = \int \delta(y-x)p(y,\ t+\tau|x',\ t)\mathrm{d}y \tag{2-18}$$

中的δ函数进行展开：

$$\begin{aligned}\delta(y-x) &= \delta(x'-x+y-x') \\ &= \sum_{n=0}^{\infty}\frac{(y-x')^n}{n!}\left(\frac{\partial}{\partial x'}\right)\delta(x'-x) \\ &= \sum_{n=0}^{\infty}\frac{(y-x')^n}{n!}\left(-\frac{\partial}{\partial x'}\right)\delta(x'-x)\end{aligned} \tag{2-19}$$

并将展开式代入上面的积分，可得：

$$\begin{aligned}p(x,\ t+\tau|x',\ t) &= \left[1+\sum_{n=1}^{\infty}\frac{1}{n!}\left(-\frac{\partial}{\partial x}\right)^n M_n(x',\ t,\ \tau)\right]\delta(x-x') \\ &= \left[1+\sum_{n=1}^{\infty}\frac{1}{n!}\left(-\frac{\partial}{\partial x}\right)^n M_n(x,\ t,\ \tau)\delta(x-x')\right]\end{aligned} \tag{2-20}$$

其中：

$$M_n(x',\ t,\ \tau) = \int (y-x')^n p(y,\ t+\tau|x',\ t)\mathrm{d}y \tag{2-21}$$

是随机变量的n级跃迁矩。将式(2-20)代入式(2-16)，并与式(2-17)进行比较，再令$\tau\to 0$，可以得到：

$$\frac{\partial\rho(x,\ t)}{\partial t}\tau = L_{\mathrm{KM}\rho}(x,\ t) \tag{2-22}$$

$$L_{\mathrm{KM}\rho} = \sum_{n=1}^{\infty}\left(-\frac{\partial}{\partial x}\right)^n D_n(x,\ t) \tag{2-23}$$

$$D_n(x,\ t) = \lim_{\tau\to 0}\frac{M_n(x,\ t,\ \tau)}{n!\ \tau} \tag{2-24}$$

这就是马尔可夫过程的克莱默斯-莫依尔展开。

由式(2-24)可见，关键问题是用朗之万方程求出各阶跃迁矩$M_n(x,\ t,\ \tau)$，即当随机变量在t时刻取x值的条件下求出在$t+\tau$时刻以x为中心的各阶中心矩：

$$M_n(x,\ t,\ \tau) = \langle [x(t+\tau)-x]^n\rangle \tag{2-25}$$

首先，考虑一维问题，从朗之万方程：

$$\dot{x}=f(x)+g(x)\Gamma(t) \tag{2-26}$$

出发，得：

$$x(t+\tau)-x=\int_t^{t+\tau}\{f[x(t'),t']+g[x(t'),t']\eta(t')\}\mathrm{d}t' \tag{2-27}$$

把$f(x)$和$g(x)$对$x(t')-x$进行展开：

$$f[x(t'),t']=f(x,t')+f'(x,t')[x(t')-x]+\cdots \tag{2-28}$$

$$g[x(t'),t']=g(x,t')+g'(x,t')[x(t')-x]+\cdots \tag{2-29}$$

式中，$f'(x)$和$g'(x)$为函数对x的一阶导数。将式(2-28)和式(2-29)代入式(2-27)，可得：

$$\begin{aligned}x(t+\tau)-x=&\int_t^{t+\tau}f(x,t')\mathrm{d}t'+\int_t^{t+\tau}f'(x,t')[x(t')-x]\mathrm{d}t'\\&+\cdots+\int_t^{t+\tau}g(x,t')\eta(t')\mathrm{d}t'\\&+\int_t^{t+\tau}g'(x,t')[x(t')-x]\eta(t')\mathrm{d}t'+\cdots\end{aligned} \tag{2-30}$$

对$[x(t')-x]$重复使用式(2-30)，可得：

$$\begin{aligned}x(t+\tau)-x=&\int_t^{t+\tau}f(x,t')\mathrm{d}t'+\int_t^{t+\tau}f'(x,t')\int_t^{t'}f(x,t'')\mathrm{d}t''\mathrm{d}t'\\&+\int_t^{t+\tau}f'(x,t')\int_t^{t'}g(x,t'')\eta(t'')\mathrm{d}t''\mathrm{d}t'+\cdots\\&+\int_t^{t+\tau}g(x,t')\eta(t')\mathrm{d}t'+\int_t^{t+\tau}g'(x,t')\int_t^{t'}f(x,t'')\eta(t'')\mathrm{d}t''\mathrm{d}t'\\&+\int_t^{t+\tau}g'(x,t')\int_t^{t'}g(x,t'')\eta(t'')\eta(t')\mathrm{d}t''\mathrm{d}t'+\cdots\end{aligned} \tag{2-31}$$

现在就可以利用朗之万力的统计性质求各级跃迁矩。第一级跃迁矩为：

$$M_1(x,t,\tau)=\langle x(t+\tau)-x\rangle=[f(x,t)+Dg'(x,t)g(x,t)]\tau+O(\tau^2) \tag{2-32}$$

$O(\tau^2)$中包含有全部高次τ的幂，在$\tau\to 0$的极限下它们对克莱默斯-莫依尔方程(2-23)没有影响。由式(2-31)计算$x(t+\tau)-x$的高次幂，可以得到：

$$M_2(x,t,\tau)=\langle[x(t+\tau)-x]^2\rangle=2Dg^2(x,t)\tau+O(\tau^2) \tag{2-33}$$

$$M_n(x,t,\tau)=\langle[x(t+\tau)-x]^n\rangle\leqslant O(\tau^2) \tag{2-34}$$

其中$n\geqslant 3$，将式(2-33)和式(2-34)代入式(2-24)，得到：

$$D_1(x,t)=f(x,t)+Dg'(x,t)g(x,t) \tag{2-35}$$

$$D_2(x,t)=Dg^2(x,t) \tag{2-36}$$

$$D_n(x,t)=0,\ n\geqslant 3 \tag{2-37}$$

从而克莱默斯-莫依尔方程在二阶偏微分上自然截断为：

$$\frac{\partial\rho(x,t)}{\partial t}=-\frac{\partial}{\partial x}[f(x,t)+Dg'(x,t)g(x,t)]\rho(x,t)+D\frac{\partial^2}{\partial x^2}[g^2(x,t)]\rho(x,t) \tag{2-38}$$

这就是福克-普朗克方程(FPE)。以上计算看似是完全精确的，但是式(2-28)和式(2-29)的展开过程存在一些疑点：在式(2-26)的乘性情况下，朗之万力$\tau g(x,t)\Gamma(t)$的定义并未完全确定。对式(2-26)的乘性噪声要进行解释，著名的解释有Stratonovich(斯特拉多纳维奇)和Ito(伊藤)两种。

以上的讨论仅仅是局限于单噪声的情况，但是对加性和乘性高斯白噪声协同作用下朗之万方程的福克-普朗克方程也应该进行研究。描述加性和乘性高斯白噪声作用下的朗之万方程，它具有以下一般形式：

$$\frac{\mathrm{d}x}{\mathrm{d}t}=f(x)+g_1(x)\xi(t)+g_2(x)\eta(t) \tag{2-39}$$

类似于单噪声的福克-普朗克方程的推导，系统的朗之万方程(2-39)可以导出相应的福克-普朗克方程，继而求出系统态变量的概率密度分布，计算各种统计性质的物理量。

方程(2-39)中白噪声$\xi(t)$和$\eta(t)$具有下列统计性质：

$$\begin{aligned}&\langle\xi(t)\rangle=0,\ \langle\eta(t)\rangle=0\\&\langle\xi(t)\xi(t')\rangle=2D\delta(t-t')\\&\langle\eta(t)\eta(t')\rangle=2\alpha\delta(t-t')\\&\langle\xi(t)\eta(t')\rangle=\langle\eta(t)\xi(t')\rangle=2\lambda\sqrt{D\alpha}\,\delta(t-t')\end{aligned} \tag{2-40}$$

式中，D和α分别为噪声$\xi(t)$和$\eta(t)$的强度；λ为两噪声$\xi(t)$和$\eta(t)$的关联强度。

根据Liouville方程、van Kampen定理以及$P(x,t)=\langle\delta(x(t)-x)\rangle$，对应于式(2-39)和式(2-40)的概率密度$P(x,t)$演化式为：

$$\begin{aligned}\frac{\partial P(x,t)}{\partial t}=&-\frac{\partial}{\partial x}f(x)P(x,t)-\frac{\partial}{\partial x}g_1(x)\langle\xi(t)\delta[x(t)-x]\rangle\\&-\frac{\partial}{\partial x}g_2(x)\langle\eta(t)\delta[x(t)-x]\rangle\end{aligned} \tag{2-41}$$

使用Novikov定理，式(2-41)的高斯白噪声$\xi(t)$和$\eta(t)$满足如下公式：

$$\langle\zeta_k\phi[\zeta_1,\zeta_2]\rangle=\int_0^t\mathrm{d}t'\chi_{kl}(t,t')\left\langle\frac{\delta\{\delta[p(t)-p]\}}{\delta\zeta_l(t')}\right\rangle(k,\ l=1,\ 2)$$

这里$\phi[\zeta_1,\zeta_2]$是ζ_1[或$\xi(t)$]和ζ_2[或$\eta(t)$]的函数，$\chi_{kl}(t,t')$是它们的关联函数。现在使用Novikov定理和Fox近似方法计算$\langle\xi(t)\delta[x(t)-x]\rangle$和$\langle\eta(t)\delta[x(t)-x]\rangle$的平均，得到：

$$\langle \xi(t)\delta[x(t)-x]\rangle = -\frac{\partial}{\partial x}\alpha g_1(x)P(x,\ t)-\frac{\partial}{\partial x}\lambda\sqrt{D\alpha}\,g_2(x)P(x,\ t) \quad (2\text{-}42)$$

$$\langle \eta(t)\delta[x(t)-x]\rangle = -\frac{\partial}{\partial x}Dg_2(x)P(x,\ t)-\frac{\partial}{\partial x}\lambda\sqrt{D\alpha}\,g_1(x)P(x,\ t) \quad (2\text{-}43)$$

把式(2-42)和式(2-43)代入式(2-41)，最终得到近似福克-普朗克方程为：

$$\begin{aligned}\frac{\partial P(x,\ t)}{\partial t} &= -\frac{\partial}{\partial x}f(x)P(x,\ t)+D\frac{\partial}{\partial x}g_2(x)\frac{\partial}{\partial x}g(x)P(x,\ t)\\ &\quad +\lambda\sqrt{D\alpha}\frac{\partial}{\partial x}g_2(x)\frac{\partial}{\partial x}g_1(x)P(x,\ t)+\alpha\frac{\partial}{\partial x}g_1(x)\frac{\partial}{\partial x}P(x,\ t)\\ &\quad +\lambda\sqrt{D\alpha}\frac{\partial}{\partial x}g_1(x)\frac{\partial}{\partial x}g_2(x)P(x,\ t)\\ &= -\frac{\partial}{\partial x}\{f(x)+Dg_1(x)g'_1(x)+\lambda\sqrt{D\alpha}[g_1(x)g'_2(x)\\ &\quad +g'_1(x)g_2(x)]+\alpha g_2(x)g'_2(x)\}P(x,\ t)+\frac{\partial^2}{\partial x^2}[Dg_1^2(x)\\ &\quad +2\lambda\sqrt{D\alpha}\,g_1(x)g_2(x)+\alpha g_2^2(x)]P(x,\ t)\end{aligned} \quad (2\text{-}44)$$

近似福克-普朗克方程(2-44)也能写成如下形式：

$$\frac{\partial P(x,\ t)}{\partial t} = -\frac{\partial}{\partial x}A(x)P(x,\ t)+\frac{\partial^2}{\partial x^2}B(x)P(x,\ t) \quad (2\text{-}45)$$

其中：

$$A(x)=f(x)+Dg_1(x)g'_1(x)+\lambda\sqrt{D\alpha}[g_1(x)g'_2(x)+g'_1(x)g_2(x)]+\alpha g_2(x)g'_2(x) \quad (2\text{-}46)$$

$$B(x)=Dg_1^2(x)+2\lambda\sqrt{D\alpha}\,g_1(x)g_2(x)+\alpha g_2^2(x) \quad (2\text{-}47)$$

使用类似方法，式(2-39)也可以随机等价为：

$$\frac{\mathrm{d}x}{\mathrm{d}t}=f(x)+G(x)\Gamma(t) \quad (2\text{-}48)$$

式中，$\Gamma(t)$满足以下统计性质：

$$\langle\Gamma(t)\rangle=0,\ \langle\Gamma(t)\Gamma(t')\rangle=2\delta(t-t') \quad (2\text{-}49)$$

与式(2-48)相应的福克-普朗克方程为：

$$\frac{\partial P(x,\ t)}{\partial t} = -\frac{\partial}{\partial x}A(x)P(x,\ t)+\frac{\partial^2}{\partial x^2}B(x)P(x,\ t) \quad (2\text{-}50)$$

其中：

$$\begin{aligned}A(x)&=f(x)+G(x)G'(x)\\ B(x)&=G^2(x)\end{aligned} \quad (2\text{-}51)$$

这里，$G(x)=\sqrt{D[g_1(x)]^2+2\lambda\sqrt{D\alpha}g_1(x)g_2(x)+\alpha[g_2(x)]^2}$

根据式(2-45)或式(2-50)，可得到系统在近似条件下的稳态概率分布函数为：

$$P_{st}(x)=\frac{N}{B(x)}\exp\left[\int_{-\infty}^{x}\frac{A(x')}{B(x')}dx'\right]$$
$$=\frac{N}{G(x)}\exp\left[-\frac{U(x)}{D}\right] \tag{2-52}$$

其中，有效势函数 $U(x)$ 为：

$$U(x)=-D\int_{-\infty}^{x}\frac{f(x')}{B(x')}dx' \tag{2-53}$$

2.1.3 延迟和噪声协同作用下的福克-普朗克方程

为获得含有时间延迟的系统福克-普朗克方程，可以通过朗之万方程获得随机延迟微分方程，然后导出延迟福克-普朗克方程，进而获得各个统计物理量。在自然边界条件下，与时间延迟有关的随机变量用 $x(t)$ 来代表。系统的随机延迟微分方程如下：

$$\frac{dx}{dt}=f[x(t),\ x(t-\tau)]+g[x(t),\ x(t-\tau)]\eta(t) \tag{2-54}$$

式中，τ 为系统的时间延迟；$\eta(t)$ 为高斯白噪声，其统计性质定义为 $\langle\eta(t)\rangle=0$ 和 $\langle\eta(t)\eta(t')\rangle=0$。令 $C_y[\chi]$ 代表随机变量 $y(t)$ 和测试函数 $\chi(t)$ 的特征函数，即 $C_y[\chi]=\langle\exp[i\int_{-\infty}^{\infty}y(t)\chi(t)dt]\rangle_y$。那么朗之万力 $\eta(t)$ 定义如下：

$$C_\eta(\chi)=\exp\left[\frac{1}{2}\int_{-\infty}^{\infty}\chi^2(t)dt\right] \tag{2-55}$$

让 $P(x,\ t)=\langle\delta[x-x(t)]\rangle$，式(2-54)对应的概率密度 $P(x,\ t)$ 演化方程为：

$$\frac{\partial P(x,\ t)}{\partial t}=-\langle\frac{\partial}{\partial x}\partial[x-x(t)]\frac{dx(t)}{dt}\rangle$$
$$=-\frac{\partial}{\partial x}\underbrace{\langle f[x(t),\ x(t-\tau)]\delta[x-X(t)]\rangle P(x,\ t)}_{A}$$
$$-\frac{\partial}{\partial x}\underbrace{\langle g[x(t),\ x(t-\tau)]\eta(t)\delta[x-X(t)]\rangle P(x,\ t)}_{B} \tag{2-56}$$

注意，随机变量 $x(t)$ 的联合概率密度为 $P(x,\ t\mid x',\ t')$。因此，式(2-56)中的 A 部分写为：

$$A=\int h(y,\ y_\tau)P(y,\ t;\ x_\tau,\ t-\tau)\delta(x-y)dydy_\tau \tag{2-57}$$

对 y 积分并且用x_τ代替y_τ，得：

$$A=\int h(x,\ x_\tau)P(x,\ t;\ x_\tau,\ t-\tau)\delta(x-y)\mathrm{d}x_\tau \tag{2-58}$$

则式(2-56)中的 B 部分重新写为：

$$B=\int g(x,\ x_\tau)\underbrace{\langle\eta(t)\delta[x-X(t)]\delta-[x_\tau-X(t-\tau)]\rangle}_{B'}\mathrm{d}x_\tau \tag{2-59}$$

为了得到 B'的值，根据 Novikov 定理，式(2-54)中的噪声 $\eta(t)$应满足如下公式：

$$\langle\eta(t)\hat{C}(\eta)\rangle=\langle\frac{\delta\hat{C}(\eta)}{\delta\eta(t)}\rangle \tag{2-60}$$

式中，δ 为 $\hat{C}(\eta)$对 $\eta(t)$的微分。令 $\hat{C}(\eta)=\delta[x-X(t)]\delta[x_\tau-X(t-\tau)]$，然后，式(2-60)等号右侧为：

$$\langle\frac{\delta\hat{C}(\eta)}{\delta\eta(t)}\rangle=\langle\frac{\delta\hat{C}(\eta)}{\delta X(t)}\frac{\delta X(t)}{\delta\eta(t)}\rangle+\langle\frac{\delta\hat{C}(\eta)}{\delta X(t-\tau)}\frac{\delta X(t-\tau)}{\delta\eta(t)}\rangle \tag{2-61}$$

只要$\tau>0$，则 $\delta X(t-\tau)/\delta\eta(t)=0$，式(2.61)等号右侧第二项就消失了，而右侧第一项为：

$$\frac{\delta\hat{C}(\eta)}{\delta X(t)}=-\frac{\partial}{\partial x}\delta[x-X(t)]\delta[x_\tau-X(t-\tau)] \tag{2-62}$$

可以得到修正后的式(2-54)为：

$$x(t)=x(0)+\int_0^t f[x(s),\ x(s-\tau)]\mathrm{d}s+\int_0^t g[x(s),\ x(s-\tau)]\eta(s)\mathrm{d}s \tag{2-63}$$

发现

$$\frac{\delta X(t)}{\delta\eta(t)}=\frac{1}{2}g[x(t),\ x(t-\tau)] \tag{2-64}$$

同时考虑式(2-55)、式(2-64)，得到：

$$\begin{aligned}B'&=\langle\frac{\delta\hat{C}(\eta)\delta X(t)}{\delta X(t)\,\delta\eta(t)}\rangle\\&=-\frac{1}{2}\frac{\partial}{\partial x}g(x,\ x_\tau)\langle\delta[x-X(t)]\delta[x_\tau-X(t-\tau)]\rangle\\&=-\frac{1}{2}\frac{\partial}{\partial x}g(x,\ x_\tau)P(x,\ t;\ x_\tau,\ t-\tau)\end{aligned} \tag{2-65}$$

将式(2-58)、式(2-59)和式(2-65)代入式(2-56)，得到延迟福克-普朗克方程如下：

$$\frac{\partial P(x,t)}{\partial t} = -\frac{\partial}{\partial x}\int f(x,x_\tau)P(x,t;x_\tau,t-\tau)\mathrm{d}x_\tau + \frac{1}{2}\int \frac{\partial}{\partial x}g(x,x_\tau)\frac{\partial}{\partial x}g(x,x_\tau)P(x,t;x_\tau,t-\tau)\mathrm{d}x_\tau \tag{2-66}$$

该延迟福克-普朗克方程是基于伊藤的随机延迟微分方程(2-54)而得到的。其伊藤和斯特拉多纳维奇转换则如下：

$$\underbrace{g\eta(t)}_{\text{Stratonovich}} = \frac{g}{2}\frac{\mathrm{d}g}{\mathrm{d}x} + \underbrace{g\eta(t)}_{\text{Ito}} \tag{2-67}$$

考虑斯特拉多纳维奇形式，随机延迟微分方程(2-54)的延迟福克-普朗克方程如下：

$$\frac{\partial P(x,t)}{\partial t} = -\frac{\partial}{\partial x}\int f(x,x_\tau)P(x,t;x_\tau,t-\tau)\mathrm{d}x_\tau + \frac{1}{2}\int \frac{\partial^2}{\partial x^2}g^2(x,x_\tau)P(x,t;x_\tau,t-\tau)\mathrm{d}x_\tau \tag{2-68}$$

为了计算朗之万方程(2-54)的稳态概率分布函数，现将式(2-54)重写为如下形式：

$$\frac{\mathrm{d}x}{\mathrm{d}t} = f^0(x) + \underbrace{f[x(t),x(t-\tau)] - f^0(x)}_{R[x(t),x(t-\tau)]} + g(x)\eta(t) \tag{2-69}$$

式中，$f^0(x)=f(x,x_\tau)\big|_{x_\tau=x}$，$g(x)=g(x,x_\tau)\big|_{x_\tau=x}$。基于扰动理论，稳态延迟福克-普朗克方程如下：

$$\left[f^0(x) + \int R(x,x_\tau)P(x_\tau,t-\tau|x,t)\right]P_{st}(x) = \frac{1}{2}\frac{\mathrm{d}}{\mathrm{d}x}g^2(x)P_{st}(x) \tag{2-70}$$

式中，$P_{st}(x)$和$P(x_\tau,t-\tau|x,t)$分别为$x(t)$的稳态和条件概率密度。在小延迟时间情况下，稳态概率密度$P_{st}(x)$重新写为：

$$P_{st}(x) = P_{st}^{(1)}(x) + O(\tau^2) \tag{2-71}$$

条件概率密度$P(x_\tau,t-\tau|x,t)$写为：

$$P_{st}(x_\tau,t-\tau|x,t) = P_{st}^{(0)}(x_\tau,t-\tau|x,t) + O(\tau^2) \tag{2-72}$$

把式(2-71)和式(2-72)代入式(2-70)中，可得到：

$$\left[f^0(x) + \int R(x,x_\tau)P^0(x_\tau,t-\tau|x,t)\right]P_{st}^{(1)}(x) = \frac{1}{2}\frac{\mathrm{d}}{\mathrm{d}x}g^2(x)P_{st}^{(1)}(x) \tag{2-73}$$

当考虑式(2-69)中$R=f(x,x_\tau)-f^0(x)$时，可以简化式(2-73)如下：

$$\int f(x,\ x_\tau)P^0(x_\tau,\ t-\tau|x,\ t)P_{\mathrm{st}}^{(1)}(x)=\frac{1}{2}\frac{\mathrm{d}}{\mathrm{d}x}g^2(x)P_{\mathrm{st}}^{(1)}(x) \tag{2-74}$$

由于$P^0(x_\tau,\ t-\tau|x,\ t)=P^0(x_\tau,\ t+\tau|x,\ t)$且$P^0(x_\tau,\ t+\tau|x,\ t)$能写成：

$$P^0(x_\tau,\ t+\tau|x,\ t)=\sqrt{\frac{1}{2\pi g^2(x)\tau}}\exp\left\{-\frac{[x_\tau-x-f^{(0)}(x)\tau]^2}{2g^2(x)\tau}\right\} \tag{2-75}$$

因此，式(2-74)改写为：

$$f_{\mathrm{eff}}(x)P_{\mathrm{st}}^{(1)}(x)=\frac{1}{2}\frac{\mathrm{d}}{\mathrm{d}x}g^2(x)P_{\mathrm{st}}^{(1)}(x) \tag{2-76}$$

其中：

$$f_{\mathrm{eff}}(x)=\sqrt{\frac{1}{2\pi g^2(x)\tau}}f(x,\ x_\tau)\exp\left\{-\frac{[x_\tau-x-f^{(0)}(x)\tau]^2}{2g^2(x)\tau}\right\} \tag{2-77}$$

根据式(2-76)，可得到系统一级近似下的稳态概率分布函数为：

$$P_{\mathrm{st}}^{(1)}(x)=\frac{1}{Ng^2(x)}\exp\left[2\int^x\frac{f_{\mathrm{eff}}(y)}{g^2(y)}\mathrm{d}y\right] \tag{2-78}$$

式中，N为系统归一化常数。稳态概率密度的极值满足方程$\mathrm{d}P_{\mathrm{st}}^{(1)}(x)/\mathrm{d}x=0$，即：

$$f_{\mathrm{eff}}(x)-\alpha g'(x)g(x)=0 \tag{2-79}$$

进一步，可以将以上理论推导延伸到加性和乘性噪声驱动的延迟系统。那么朗之万方程(2-54)可变为：

$$\frac{\mathrm{d}x}{\mathrm{d}t}=f[x(t),\ x(t-\tau)]+g_1[x(t)]\xi(t)+g_2[x(t)]\eta(t) \tag{2-80}$$

式中，τ为系统的延迟时间；$\xi(t)$和$\eta(t)$满足式(2-40)的统计特征，$x(t-\tau)$记为x_τ。运用小延迟时间近似式(2-80)可重写为：

$$\frac{\mathrm{d}x}{\mathrm{d}t}=f_{\mathrm{eff}}(x)+g_{1\mathrm{eff}}(x)\xi(t)+g_{2\mathrm{eff}}(x)\eta(t) \tag{2-81}$$

这里的有效系数$f_{\mathrm{eff}}(x)$，$g_{1\mathrm{eff}}(x)$和$g_{2\mathrm{eff}}(x)$为：

$$f_{\mathrm{eff}}(x)=\int_{-\infty}^{+\infty}f(x,\ x_\tau)P(x_\tau,\ t-\tau|x,\ t)\mathrm{d}x_\tau$$

$$g_{1\mathrm{eff}}(x)=\int_{-\infty}^{+\infty}g_1(x,\ x_\tau)P(x_\tau,\ t-\tau|x,\ t)\mathrm{d}x_\tau$$

$$g_{2\mathrm{eff}}(x)=\int_{-\infty}^{+\infty}g_2(x,\ x_\tau)P(x_\tau,\ t-\tau|x,\ t)\mathrm{d}x_\tau \tag{2-82}$$

其中，条件概率密度$P(x_\tau,\ t-\tau|x,\ t)$为：

$$P(x_\tau,\ t-\tau|x,\ t)=\sqrt{\frac{1}{2\pi G^2(x)\tau}}\exp\left\{-\frac{[x_\tau-x-f(x,\ x)\tau]^2}{2G^2(x)\tau}\right\} \tag{2-83}$$

且 $f(x, x)=f(x, x_\tau)\mid_{x_\tau=x}$。

因此，式(2-81)可以随机等价为：

$$\frac{\mathrm{d}x}{\mathrm{d}t}=f_{\mathrm{eff}}(x)+G_{\mathrm{eff}}(x)+G_{\mathrm{eff}}(x)\Gamma(t) \tag{2-84}$$

$\Gamma(t)$ 满足式(2-49)，有效系数 $G_{\mathrm{eff}}(x)$ 为：

$$G_{\mathrm{eff}}(x)=\sqrt{D\left[g_{1\mathrm{eff}}(x)\right]^2+2\lambda\sqrt{D\alpha}\,g_{1\mathrm{eff}}(x)g_{2\mathrm{eff}}(x)+\alpha\left[g_{2\mathrm{eff}}(x)\right]^2} \tag{2-85}$$

考虑稳态区间的随机过程，根据 Novikov 定理和 Fox 近似方法，可以得到对应式(2-84)的近似福克-普朗克方程为：

$$\frac{\partial P(x, t)}{\partial t}=-\frac{\partial}{\partial x}[f_{\mathrm{eff}}(x)+G_{\mathrm{eff}}(x)G'_{\mathrm{eff}}(x)]P(x, t)+\int\frac{\partial^2}{\partial x^2}G^2_{\mathrm{eff}}(x)P(x, t) \tag{2-86}$$

基于式(2-86)，在小延迟时间近似条件下，可以得到系统一级近似下的稳态概率分布函数为：

$$P^{(1)}_{\mathrm{st}}(x)=\frac{N}{G_{\mathrm{eff}}(x)}\exp\left[\int_{-\infty}^{x}\frac{f_{\mathrm{eff}}(x')}{G^2_{\mathrm{eff}}(x')}\mathrm{d}x'\right]=\frac{N}{G_{\mathrm{eff}}(x)}\exp\left[-\frac{U(x)}{D}\right] \tag{2-87}$$

其中，有效势函数 $U(x)$ 为：

$$U(x)=-D\int_{-\infty}^{x}\frac{f_{\mathrm{eff}}(x')}{G^2_{\mathrm{eff}}(x')}\mathrm{d}x' \tag{2-88}$$

稳态概率密度的极值满足方程 $\mathrm{d}P^{(1)}_{\mathrm{st}}(x)/\mathrm{d}x=0$，即：

$$f_{\mathrm{eff}}(x)-G'_{\mathrm{eff}}(x)G_{\mathrm{eff}}(x)=0 \tag{2-89}$$

2.1.4 平均首通时间

在双稳系统中噪声会影响两稳态间的相互转化。为得到一个两稳态间转化的确定的时间值，通常用统计的方法，求得大量的首通时间的平均值——平均首通时间，简称首通时间。首通时间的定义如图 2-2 所示。由式(2-45)设福克-普朗克方程可得到系统的稳态概率分布函数为：

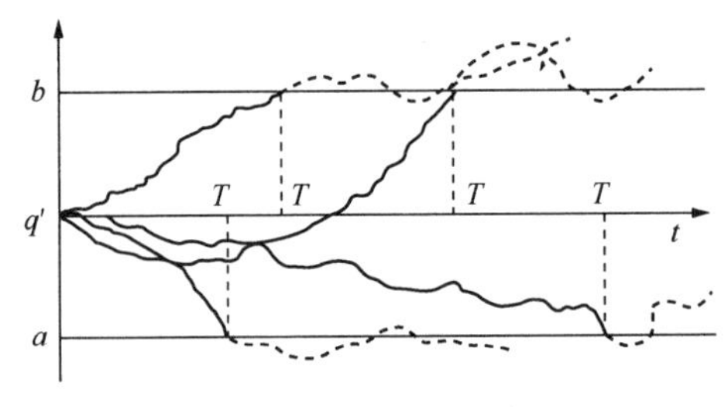

图 2-2 首通时间的定义

$$P_s(x) = N\frac{1}{B(x)}\exp\left[\int_{-\infty}^{x}\frac{A(y)}{B(y)}dy\right] \tag{2-90}$$

其中：

$$N^{-1} = \int_{-\infty}^{x}dx\frac{1}{B(x)}\exp\left[\int_{-\infty}^{x}\frac{A(y)}{B(y)}dy\right] \tag{2-91}$$

积分的下限应被认为是一个极限，即：

$$\int_{-\infty}^{0}dx\cdots = \lim_{R\to\infty}\int_{-R}^{0}dx \tag{2-92}$$

尤其当 $U(x)$($U'=-A$ 时)满足：

$$\lim_{x\to\infty}U(x)\to\infty \tag{2-93}$$

根据式(2-90)可知，反向方程为：

$$\frac{\partial}{\partial t}Q=A(x)\frac{\partial}{\partial x}Q+B(x)\frac{\partial^2}{\partial x^2}Q \tag{2-94}$$

福克-普朗克方程(2-90)描述的概率分布 $P(x, t, x', 0)$为：由$(x', t=0)$开始，t 时刻在 x 和 $x+dx$ 之间变化的概率。Kolomogorov 方程(2-94)描述的概率分布 $Q(x, t, x', 0)$为：由$(x, t=0)$点开始，t 时刻在 x' 和 $x'+dx'$ 之间变化的概率。因此，t 时刻下限$(-\infty, 0)$范围内的概率为：

$$G(x, t) \equiv \int_{-\infty}^{0}dx'Q(x', t, x, 0) \tag{2-95}$$

则由式(2-95)可得：

$$\frac{\partial}{\partial t}G=A(x)\frac{\partial}{\partial x}G+B(x)\frac{\partial^2}{\partial x^2}G \tag{2-96}$$

初始条件为：

$$G(x, 0)=\begin{cases}1, & x\in(-\infty, 0)\\ 0, & x\in[0, +\infty)\end{cases} \tag{2-97}$$

此边界条件 $G(-\infty, t)=0$ 是有用的。令在$(-\infty, t)$范围内变化所需的时间为 T。当 dt 很小时，在 t 和 $t+dt$ 之间且在$(-\infty, 0)$范围内的变化概率为：

$$G(t)-G(t+dt)\sim-\frac{\partial}{\partial t}Gdt \tag{2-98}$$

因此，函数 T, $f(t)$的平均表达式为：

$$\begin{aligned}\langle f(T)\rangle &=-\int_{0}^{\infty}dtf(t)\frac{\partial}{\partial t}\\ &=f(0)+\int_{0}^{\infty}dt\left[\frac{d}{dt}f(t)\right]G(t)\end{aligned} \tag{2-99}$$

因为 $G(x, \infty)=0$，因此，平均首通时间为：

$$T(x) \equiv \langle T \rangle = \int_0^\infty \mathrm{d}t G(x, t) \tag{2-100}$$

从 x 开始，由式(2-96)和式(2-100)可知平均首通时间 $T(x)$ 满足方程：

$$A(x)\frac{\partial}{\partial x}T+B(x)\frac{\partial^2}{\partial x^2}T=-1 \tag{2-101}$$

此方程在式(2-98)的所有条件中都可用。令 $\alpha \equiv T'$，则 α 满足：

$$A\alpha+B\alpha'=-1 \tag{2-102}$$

这里有：

$$\partial(x) = \exp\left[-\int_{-\infty}^{x} \mathrm{d}y \frac{A(y)}{B(y)}\right]\alpha(\infty) - \int_{-\infty}^{x} \mathrm{d}y \exp\left[-\int_{y}^{x} \mathrm{d}z \frac{A(z)}{B(z)}\right]\frac{1}{B(y)} \tag{2-103}$$

为方便起见，引入：

$$\phi(x) \equiv \exp\left[\int_{-\infty}^{x} \mathrm{d}y \frac{A(y)}{B(y)}\right] \tag{2-104}$$

则由式(2-101)可得：

$$T(x) = \int_{-\infty}^{x} \mathrm{d}y \frac{1}{\phi(y)}\alpha(\infty) - \int_{-\infty}^{x} \mathrm{d}y \int_{-\infty}^{y} \mathrm{d}z \frac{\phi(z)}{\phi(y)} \frac{1}{B(z)} \tag{2-105}$$

边界条件 $T(-\infty)=0$ 是满足要求的，但边界条件 $T(0)=0$ 要求：

$$\alpha(-\infty) = \frac{\int_{-\infty}^{0} \mathrm{d}y \int_{-\infty}^{y} \mathrm{d}z[\phi z/\phi y]1/B(z)}{\int_{-\infty}^{0} \mathrm{d}y[1/\phi y]} \tag{2-106}$$

因此最终结果为：

$$T(x) = \frac{1}{\int_{-\infty}^{0} \mathrm{d}y \frac{1}{\phi y}}\left\{\left[\int_{-\infty}^{x} \mathrm{d}y \frac{1}{\phi y}\right]\int_{-\infty}^{0} \mathrm{d}y \int_{-\infty}^{y} \mathrm{d}y \frac{\phi(z)}{\phi(y)} \frac{1}{B(z)}\right\} - \int_{-\infty}^{x} \mathrm{d}y \int_{-\infty}^{y} \mathrm{d}z \frac{\phi(z)}{\phi(y)} \frac{1}{B(z)} \tag{2-107}$$

边界条件 $T(-\infty)=T(0)=0$，相对于吸收边界 $x=0$ 和 $x\to-\infty$。当 $x\to-\infty$ 时，有 $U(-\infty)\to\infty$，这样的边界称为反射边界，通常用 $T'(-\infty)=0$ 代替 $T(-\infty)=0$。这表明可代替式(2-107)的方程为：

$$T(x) = T(-\infty) - \int_{-\infty}^{x} \mathrm{d}y \int_{-\infty}^{y} \mathrm{d}z \frac{\phi(z)}{\phi(y)} \frac{1}{B(z)} \tag{2-108}$$

$T(0)=0$ 隐含着：

$$T(-\infty) = \int_{-\infty}^{0} \mathrm{d}y \int_{-\infty}^{y} \mathrm{d}z \frac{\phi(z)}{\phi(y)} \frac{1}{B(z)} \tag{2-109}$$

则合并以上两式化简得：

$$T(x)=\int_x^0 \mathrm{d}y\int_{-\infty}^{y}\mathrm{d}z\,\frac{\phi(z)}{\phi(y)}\frac{1}{B(z)} \tag{2-110}$$

又因为：

$$P_s(x)=\frac{\phi(x)/B(x)}{\int_{-\infty}^{0}\mathrm{d}y[\phi(y)/B(y)]} \tag{2-111}$$

所以得：

$$T(x)=\int_x^0 \mathrm{d}y\,\frac{1}{B(y)P_s(y)}\int_{-\infty}^{y}\mathrm{d}zP_s(z) \tag{2-112}$$

接下来进一步推导首通时间的公式。设双稳系统中的两稳态点分别为x_1和x_2，x_0为亚稳态点，并设某一粒子由$x_1[x(t=0)=x_1]$逃逸到x_2所用的时间为：

$$T_{x_2}(x_1)=\int_{x_1}^{x_2}\frac{\mathrm{d}x}{B(x)P_s(x)}\int_{-\infty}^{x}\mathrm{d}yP_s(y) \tag{2-113}$$

在这种情况下，两噪声强度 α，D 都比较小且小于能量势垒，即 α，$D<\hat{U}(x_0)-\hat{U}(x_1)$。$T_{x_2}(x_1)$成为 $x(t=0)<x_0$，x_2独立的初始条件。由最陡下降近似方程得：

$$T_{x_2}(x_1)\approx 2\pi[\,|U''(x_1)U''(x_0)|\,]^{-1/2}\exp[\hat{U}(x_0)-\hat{U}(x_1)]/D \tag{2-114}$$

式中，$\hat{U}(x)$为有效势；$U(x)$为确定势：

$$U(x)=-\int_{-\infty}^{x}f(x)\mathrm{d}x$$

2.1.5 随机共振

随机共振是指在非线性系统中，通过加入一个恰当的噪声，可以使输入的弱周期性信号被放大的现象，这种有悖常理的现象吸引了众多研究者并被广泛地进行研究。Benzi 等通过模拟冰河期和相对温暖时期之间的地球气候的切换，提出了随机共振的原理论。原理论被提出后，随机共振的概念在最近几十年里得到了扩大，如随机多共振、双随机共振、超阈随机共振等。

随机共振模型一般包含三个要素：非线性系统、弱周期信号和噪声。大多数随机共振模型为双稳模型。绝热近似理论是研究随机共振比较全面的理论，适用于双稳系统。通过大量的研究，信噪比(SNR)成为研究随机共振的一个特征标识量。

由弱周期性信号和噪声驱动的双稳系统模型可由如下朗之万方程描述：

$$\frac{\mathrm{d}x}{\mathrm{d}t}=-(x^2-1)(x+a)+S(t)+\eta(t) \tag{2-115}$$

式中，$S(t)$为周期信号并令$S(t)=A\cos\Omega t$；$\eta(t)$为强度为D的高斯白噪声且它的统计平均性质为：

$$\langle\eta(t)\rangle=0$$

$$\langle\eta(t)\eta(t')\rangle=2D\delta(t-t')$$

式(2-115)对应的双阱势方程为：

$$V(x)=\frac{x^4}{4}+\frac{ax^3}{3}-\frac{x^2}{2}-[a+S(t)]x \tag{2-116}$$

当$a=0$时系统是对称的，当$a\neq0$时系统是非对称的。当周期信号和噪声强度很小($A\ll1.0$，$D\ll1.0$)时，$V(x)$有极小值(x_1和x_2)和极大值(x_m)，即：

$$x_1=1+\frac{S(t)}{2(1+a)},\quad x_2=-1+\frac{S(t)}{2(1-a)},\quad x_m=-a-\frac{S(t)}{1-a^2} \tag{2-117}$$

这样就可将整个区域分为两个吸引区($-\infty$，x_m)和(x_m，∞)，且它们的定态解分别为x_1和x_2。同时满足信号频率足够小($\Omega\ll1$)，以至于有足够的时间使系统在周期$1/\Omega$内达到局部平衡。设系统处于这两个区域的概率总量分别为$n_1(t)$和$n_2(t)$，显然有$n_1(t)+n_2(t)=1$。在绝热近似下，式(2-116)经长时间演化可得到$n_1(t)$和$n_2(t)$之间概率交换的主方程：

$$\begin{aligned}\frac{\mathrm{d}n_1}{\mathrm{d}t}=-\frac{\mathrm{d}n_2}{\mathrm{d}t}&=W_2(t)n_2(t)-W_1(t)n_1(t)\\&=W_2(t)-[W_2(t)+W_1(t)]n_1\end{aligned} \tag{2-118}$$

式中，$W_1(t)$、$W_2(t)$为负、正两态间的跃迁率。由于周期信号的作用，$W_{1,2}(t)$不为常数而是与周期信号相对的周期函数。设：

$$W_{1,2}(t)=f(\mu+\varepsilon\cos\Omega t) \tag{2-119}$$

又因为$A\ll1$，$\Omega\ll1$，所以只需取$W_{1,2}(t)$的一阶导数就可满足要求，即：

$$\begin{aligned}W_1(t)&=\mu_1-\alpha_1A\cos\Omega_s t\\W_2(t)&=\mu_2+\alpha_2A\cos\Omega_s t\end{aligned} \tag{2-120}$$

为了估算信噪比，令$\mu_1\neq\mu_2$，$\alpha_1\neq\alpha_2$。当初始条件为$x(t_0)=x_0$且获得该条件的概率为$\eta_1(t|x_0,t_0)$时，就可用式(2-120)来合并式(2-118)。这个结果可以用来计算自相关函数、功率谱和最终的信噪比。通过合并式(2-118)，可推导出关联函数，即：

$$\begin{aligned}\langle x(t+\tau)x(t)|x_0,t_0\rangle=&c_1^2n_1(t+\tau|c_1,t)n_1(t|x_0,t_0)\\&+c_1c_2n_1(t+\tau|c_2,t)n_2(t|x_0,t_0)\\&+c_1c_2n_2(t+\tau|c_1,t)n_1(t|x_0,t_0)\\&+c_2^2n_2(t+\tau|c_2,t)n_2(t|x_0,t_0)\end{aligned} \tag{2-121}$$

其中$c_1=x_1$，$c_2=x_2$。

在实际的实验中，我们测量相关函数时总是从不同的起始时间开始，因此要做系综平均，即要求相关函数对时间的平均值：

$$
\begin{aligned}
\chi(\tau)=&\left\langle \lim_{t_0\to-\infty}\langle x(t+\tau)x\tau(t)\rangle\right\rangle_t\\
&=\beta_0+\beta_1\exp(-\mu|\tau|)+\beta_2\exp(-\mu|\tau|)\cos(\Omega_s\tau)\\
&\quad+\beta_3\exp(-\mu|\tau|)\sin(\Omega_s\tau)+\beta_4\cos(\Omega_s\tau)
\end{aligned}
\tag{2-122}
$$

其中：

$$
\mu=\mu_1+\mu_2,\ \beta_0=\left(\frac{c_2\mu_1+c_1\mu_2}{\mu_1+\mu_2}\right)^2
$$

$$
\beta_1=\frac{(c_2-c_1)^2\mu_1\mu_2}{\mu^2}+\frac{A^2(c_1-c_2)[c_2(\alpha_2^2\mu_1+\alpha_1\alpha_2\mu_2)-c_1(\alpha_1^2\mu_2+\alpha_1\alpha_2\mu_2)]}{2\mu(\mu^2+\Omega^2)}
$$

$$
\beta_2=\frac{A^2(c_1-c_2)(\alpha_2-\alpha_1)\sqrt{\beta_0}(\alpha_2\mu_1+\alpha_1\mu_2)}{2\mu(\mu^2+\Omega^2)}
$$

$$
\beta_3=\frac{A^2(c_1-c_2)(\alpha_2-\alpha_1)\sqrt{\beta_0}(\alpha_2\mu_1+\alpha_1\mu_2)}{2\Omega(\mu^2+\Omega^2)}
$$

$$
\beta_4=\frac{A^2(c_1-c_2)^2(\alpha_2\mu_1+\alpha_1\mu_2)^2}{2\mu^2(\mu^2+\Omega^2)}
\tag{2-123}
$$

系统输出变量功率谱为：

$$
\langle S(\Omega)\rangle_t=\int_{-\infty}^{+\infty}\langle x(t)x(t+\tau)\rangle_t e^{-I\Omega\tau}dt=S(\Omega)+S(-\Omega)
\tag{2-124}
$$

这里，$S(\Omega)$是具有洛伦兹形式的连续分布的输出噪声谱。$S(-\Omega)$为输出信号谱，$S(-\Omega)$中包括两个δ函数，人们通常只取正Ω的谱讨论。注意到R_0只是在没有信号时x的平均值的平方（$R_0=\langle x\rangle^2|_{A=0}$），可通过$C_\tau-R_0$的傅里叶变换计算功率谱密度（PSD）对时间的平均$[\langle\widetilde{S}(\Omega)\rangle_t]$。计算PSD的平均值$[S(\Omega)]$，并定义$\Omega>0$，则有：

$$
S(\Omega)=\langle\hat{S}(\Omega)\rangle_t+\langle\hat{S}(-\Omega)\rangle_t
$$

可得：

$$
\begin{aligned}
S(\Omega)=&\frac{4\mu\beta_1}{(\mu^2+\Omega^2)}+\frac{4\beta_2\mu(\mu^2+\Omega^2+\Omega_s^2)}{\mu^4+2\mu^2\Omega^2+\Omega^4+2\mu^2\Omega_s^2-2\Omega^2\Omega_s^2+\Omega_s^4}\\
&+\frac{4\beta_3\Omega_s(\mu^2-\Omega^2+\Omega_s^2)}{\mu^4+2\mu^2\Omega^2+\Omega^4+2\mu^2\Omega_s^2-2\Omega^2\Omega_s^2+\Omega_s^4}+2\pi\beta_4\delta(\Omega-\Omega_s)
\end{aligned}
\tag{2-125}
$$

这里，将输出信噪比定义为输出总信号功率与$\Omega=\Omega_s$处的单位噪声谱的平均功率之比，在绝热近似下，得到系统的输出信噪比SNR：

$$\mathrm{SNR}=\frac{\pi\ (\alpha_2\mu_1+\alpha_1\mu_2)^2}{4\mu_1\mu_2(\mu_1+\mu_2)} \tag{2-126}$$

根据双态理论，在跃迁过程中粒子存在着两稳态间的跃迁率($W_{1,2}$)，即从x_1到x_2和x_2到x_1的跃迁概率。由 Kramerslike 方程得到两稳态间的跃迁率为：

$$\begin{aligned} W_{x_1\to x_2}&\equiv W_1=T_1^{-1}=\frac{\sqrt{|V''(x_m)|V''(x_1)}}{2\pi}\exp\left[-\frac{\hat{V}(x_m)-\hat{V}(x_1)}{D}\right] \\ W_{x_2\to x_1}&\equiv W_2=T_2^{-1}=\frac{\sqrt{|V''(x_m)|V''(x_2)}}{2\pi}\exp\left[-\frac{\hat{V}(x_m)-\hat{V}(x_2)}{D}\right] \end{aligned} \tag{2-127}$$

这里有：

$$\begin{aligned} &\mu_1=W_1|_{s(t)=0},\quad \alpha_1=-\frac{\mathrm{d}W_1}{\mathrm{d}S(t)}|_{s(t)=0},S(t)=A\cos\Omega t \\ &\mu_2=W_2|_{s(t)=0},\quad \alpha_2=-\frac{\mathrm{d}W_2}{\mathrm{d}S(t)}|_{s(t)=0} \end{aligned} \tag{2-128}$$

2.2 随机模拟

计算机模拟实验在物理学研究中占据越来越重要的地位。由于描述系统的随机微分方程的复杂性以及噪声项的出现，精确求解系统的瞬态和定态性质是很难做到的。因此，为了更加全面地研究非线性随机系统的演化过程和统计性质，随机模拟算法可以更有效地探索在各种理论近似方法失效的情况下系统可能隐含的新现象；可直接用随机模拟算法作计算机实验进一步验证随机近似理论的准确程度。

下面介绍研究工作中用到的随机模拟方法。从朗之万方程出发，通过有限差分法并结合 MonteCarlo 方法、一般的积分迭代法(欧拉法、龙格库塔法等)，利用计算机做数值计算得到实验数据，通过对大量的数据进行统计性分析得出相应宏观物理量的结果。这里考虑一般的朗之万方程：

$$\frac{\mathrm{d}x}{\mathrm{d}t}=f[x(t),\ x(t-\tau)]+g_1[x(t)]\xi(t)+g_2[x(t)]\eta(t) \tag{2-129}$$

式中，τ为延迟时间；$\xi(t)$和$\eta(t)$仍然满足式(2-40)。将式(2-129)两侧在区间$[t,\ t+\Delta]$上作 Stratonovich 形式积分(Δ为积分的步长)：

$$\begin{aligned} x(t+\Delta)-x(t)=&\int_t^{t+\Delta}f[x(s),\ x(s-\tau)]\mathrm{d}s+\int_t^{t+\Delta}g_1[x(s)]\xi(s)\mathrm{d}s \\ &+\int_t^{t+\Delta}g_2[x(s)]\eta(s)\mathrm{d}s \end{aligned} \tag{2-130}$$

将$f[x(s), x(s-\tau)]$和$g_i[x(s)]$在t时刻作Taylor展开：

$$f[x(s), x(s-\tau)]=f[x(t), x(t-\tau)]+f'[x(t), x(t-\tau)][x(s)-x(t)]+\cdots$$

$$g_i[x(s)]=g_i[x(t)]+g_i'[x(s)][x(s)-x(t)]+\frac{1}{2}g_i''(x(s))[x(s)-x(t)]^2+\cdots \tag{2-131}$$

将式(2-131)代入式(2-130)，取其最低阶项作为$x(t+\Delta)-x(t)$的近似式：

$$x(t+\Delta)-x(t)=f[x(t), x(t-\tau)]\Delta+g_1[x(t)]\int_t^{t+\Delta}\xi(s)\mathrm{d}s + g_2[x(t)]\int_t^{t+\Delta}\eta(s)\mathrm{d}s+O(\Delta) \tag{2-132}$$

使用Box-Mueller运算法则，从两个均匀分布于(0，1)之间的随机数(γ_1，γ_2)中来产生高斯噪声。随机积分为：

$$\Gamma_1=\int_t^{t+\Delta t}\xi(s)\mathrm{d}s=(-4D\Delta\ln\gamma_1)^{1/2}\cos(2\pi\gamma_2) \tag{2-133}$$

$$\Gamma_2=\int_t^{t+\Delta t}\eta(s)\mathrm{d}s=(-4\alpha(1-\lambda^2)\Delta\ln\gamma_1)^{1/2}\cos(2\pi\gamma_2) \tag{2-134}$$

根据式(2-130)，得到近似的一阶常规算法时间演化形式为：

$$x(t+\Delta)=x(t)+f[x(t), x(t-\tau)]\Delta+g_1[x(t)]\Gamma_1 +g_2[x(t)]\Gamma_2+\frac{1}{2}g_1[x(t)]g_1'[x(t)]\Gamma_1^2 +\frac{1}{2}g_2[x(t)]g_2'[x(t)]\Gamma_2^2+O(\Delta^{3/2}) \tag{2-135}$$

参 考 文 献

[1] LANGEVIN P. Sur la théorie de movement brownien[J]. C. R. Acad. Sci. Paris，1908，146：530-533.

[2] 胡岗．随机力与非线性系统[M]．上海：上海科技教育出版社，1994.

[3] FOKKER A D. Die mittlere energie rotierender elektrischer dipole im strahlungsfeld[J]. Ann. Physik，1914，348(5)：810-820.

[4] PLANCK M. An essay on statistical dynamics and its amplification in the quantum theory[J]. Sitz. Ber. Preuss. Akad. Wiss，1917，325：324-341.

[5] HAKEN H. Synergetics，an introduction[M]. 3rd. ed. Springer，New York，1983.

[6] RISKEN H. The fokker-planck equation[M]. Springer，New York，1983.

[7] KRAMERS H A. Brownian motion in a field of force and the diffusion model of chemical reactions [J]. Physica，1940，7(4)：284-304.

[8] MOYAL J E. Stochastic processes and statistical physics[J]. Journal of the Royal Statistical Society. Series B (Methodological)，1949，11(2)：150-210.

[9] STRATONOVICH R L. Topics in the theory of random noise[M]. Gordon and Breach，New York，1967.

[10] ITO K. Stochastic integral[J]. Proc. Imp. Acad, 1944, 20(8): 519-524.
[11] WU D J, CAO L, KE S Z. Bistable kinetic model driven by correlated noises: Steady-state analysis[J]. Phys. Rev. E, 1994, 50(4): 2496-2502.
[12] RISKEN H. The fokker-planck equation: Methods of solution and applications[M]. Springer, Berlin, 1989.
[13] KONOTOP V V, VAZQUEZ L. Nonlinear random waves[M]. World Scientific, Singapore, 1994.
[14] FRANK T D. Multivariate markov processes for stochastic systems with delays: Application to the stochastic Gompertz model with delay[J]. Phys. Rev. E, 2002, 66(1): 011914.
[15] FRANK T D. Analytical results for fundamental time-delayed feedback systems subjected to multiplicative noise[J]. Phys. Rev. E, 2004, 69(6): 061104.
[16] STRATONOVICH R L. Topics in the theory of random noise[M]. Gordon and Beach, New York, 1963.
[17] GUILLOUZIC S, HEUX I L, LONHTIN A. Small delay approximation of stochastic delay differential equations[J]. Phys. Rev. E, 1999, 59(4): 3970.
[18] GUILLOUZIC S, HEUX I L, LONHTIN A. Rate processes in a delayed, stochastically driven, and overdamped system[J]. Phys. Rev. E, 2000, 61(5): 4906-4914.
[19] Novikov E A. Functionals and random force methods for turbulence theory[J], Journal of Experimental and Theoretical Physics, 1964, 47(5): 1919-1926.
[20] NOVIKOV E A. Functionals and the random-force method in turbulence theory[J]. Sov. Phys. JETP, 1964, 20(5): 1290-1294.
[21] FOX R F. Laser-noise analysis by first-passage-time techniques[J]. Phys. Rev. A, 1986, 34(4): 3405.
[22] GARDINER C W. Handbook of stochastic methods[M]. Berlin: Springer, 1983.
[23] LAMPERTI J. Probability[M]. Benjamin, New York, 1966.
[24] GUARDIA E, SAN MIGUEL M. Escape time and state dependent fluctuations[J]. Phys. Lett. A, 1985, 109(1/2): 9-12.
[25] MASOLIVER J, WEST B J, LINDENBERG K. Bistability driven by Gaussian colored noise: First-passage times[J]. Phys. Rev. A, 1987, 35(7): 3086.
[26] JIA Y, YU S N, LI J R. Stochastic resonance in a bistable system subject to multiplicative and additive noise[J]. Phys. Rev. E, 2000, 62(2): 1869.
[27] WU D, ZHU S Q. Stochastic resonance in a bistable system with time-delayed feedback and non-Gaussian noise[J]. Phys. Lett. A, 2007, 363(3): 202-212.
[28] BENZI R, PARISI G, SUTERA A, et al. Stochastic resonance in climatic change[J]. Tellus, 1982, 34(1): 10-16.
[29] BENZI R, PARISI G, SUTERA A, et al. A theory of stochastic resonance in climatic change [J]. SIAM (Soc. Ind. Appl. Math.) J. Appl. Math, 1983, 43(3): 565-578.
[30] LINDNER J F, MEADOWS B K, DITTO W L, et al. Scaling laws for spatiotemporal synchronization and array enhanced stochastic resonance[J]. Phys. Rev. E, 1996, 53(3): 2081.
[31] WIO H S, BOUZAT S, VON HAEFTEN B. Stochastic resonance in spatially extended systems: The role of far from equilibrium potentials[J]. Physica A, 2002, 306: 140-156.
[32] MANTEGNA R N, SPAGNOLO B. Stochastic resonance in a tunnel diode in the presence of

white or coloured noise[J]. Nuovo Cimento D, 1995, 17: 873-881.

[33] LANZARA E, MANTEGNA R N, SPAGNOLO B, et al. Experimental study of a nonlinear system in the presence of noise: The stochastic resonance[J]. Amer. J. Phys., 1997, 65(4): 341-349.

[34] AGUDOV N V, KRICHIGIN A V, VALENTI D, et al. Stochastic resonance in a trapping overdamped monostable system[J]. Phys. Rev. E, 2010, 81(5): 051123.

[35] VILAR J M G, RUBÍ J M. Stochastic multiresonance[J]. Phys. Rev. Lett., 1997, 78(15): 2882.

[36] ROZENFELD R, FREUND J A, NEIMAN A, et al. Noise-induced phase synchronization enhanced by dichotomic noise[J]. Phys. Rev. E, 2001, 64(5): 051107.

[37] DU L C, MEI D C. Stochastic resonance induced by a multiplicative periodic signal in a bistable system with cross-correlated noises and time delay[J]. J. Stat. Mech., 2008, 11: 11020.

[38] ZAIKIN A A, KURTHS J, SCHIMANSKY - GEIER L. Doubly stochastic resonance[J]. Phys. Rev. Lett., 2000, 85(2): 227.

[39] STOCKS N G. Information transmission in parallel threshold arrays: Suprathreshold stochastic resonance[J]. Phys. Rev. E, 2001, 63(4): 041114.

[40] STOCKS N G. Suprathreshold stochastic resonance in multilevel threshold systems[J]. Phys. Rev. Lett., 2000, 84(11): 2310.

[41] MCNAMARA B. WIESENFELD K. Theory of stochastic resonance[J]. Phys. Rev. A, 1989, 39(9): 4854-4896.

[42] BOUZAT S, WIO H S. Phys. Stochastic resonance in extended bistable systems: The role of potential symmetry[J]. Phys. Rev. E, 1999, 59(5): 5142.

[43] WIO H S, BOUZAT S. Stochastic resonance: The role of potential asymmetry and non Gaussian noises[J]. Braz. J. Phys., 1999, 29: 136-143.

[44] GAMMAITONI L, HÄNGGI P, JUNG P, et al. Stochastic resonance[J]. Rev. Mod. Phys., 1998, 70(1): 224-287.

[45] JUNG P, HÄNGGI P. Amplification of small signals via stochastic resonance[J]. Phys. Rev. A, 1991, 44(12): 8032-8042.

[46] GILLESPIE D T. A general method for numerically simulating the stochastic time evolution of couples chemical reactions[J]. J. Comput. Phys, 1976, 22(4): 403-434.

[47] MANNELLA R, PALLESCHI V. Fast and precise algorithm for computer simulation of stochastic differential equations[J]. Phys. Rev. A, 1989, 40(6): 3381

[48] BRANKA A C, HEYES D M. Algorithms for Brownian dynamics computer simulations: Multivariable case[J]. Phys. Rev. E, 1999, 60(2): 2381.

[49] HERSHKOVITZ E. A fourth-order numerical integrator for stochastic Langevin equations[J]. J. Chem. Phys., 1998, 108(22): 9253-9258.

[50] HONEYCUTT R L. Stochastic runge-kutta algorithms. Ⅰ. White noise[J]. Phys. Rev. A, 1992, 45(2): 600.

[51] KNUTH D E. The art of computer programming: Seminumerical algorithms[M]. Addison-Wesley Professional, 2014.

[52] SANCHO J M, SAN MIGUEL M, KATZ S L, et al. Gunton. Analytical and numerical studies of multiplicative noise[J]. Phys. Rev. A, 1982, 26(3): 1589-1609.

第3章　电路动力学系统中的随机延迟效应

本章介绍了一类通用的原型双节律动力系统，可广泛用于研究极限环的复杂分岔生成。利用延迟非线性朗之万方法，研究了在噪声和时间延迟反馈的影响下的静止概率分布和逃逸问题。讨论了一种新的振幅转位机制，其中能量源自噪声。结果表明：根据参数空间的不同，系统表现出从双节律到单节律行为或振幅死亡的过渡。此外，时间延迟和反馈强度以及噪声强度将导致随机分叉的出现。

3.1　模型的建立

"原型动力系统"这一术语适用于一般简化的系统，允许研究和理解某种相关现象，如动态行为。范德波尔振荡器是一个具有非线性阻尼和非线性恢复力的振荡器，由二阶微分方程控制：

$$\ddot{x}-\mu(1-x^2+\alpha x^4-\beta x^6)\dot{x}+x+\gamma x^3=0 \tag{3-1}$$

这是 Liénard 方程的特定形式 $\ddot{x}+f(x)\dot{x}+g(x)=0$，原型范德波尔振荡器的动力学由参数 μ，α，β，γ 控制，可以调节非线性的系统(3-1)，没有三次项。最初是由范德波尔在三极管分析中获得的，被用于生物学过程，比如酶-底物反应。当用于模拟生化系统时，系统(3-1)中的 x 与处于激发极性状态的酶分子的种群成正比，α 和 β 衡量系统向铁电不稳定性倾向的程度，而 μ 是一个调节非线性的正参数。类似地，可以考虑进一步对三次项进行扩展，即有意引入恢复力的非线性，以便振荡恢复成式(3-1)。

Yamapi 等基于范德波尔振荡器的朗之万方程与福克-普朗克方程的相位幅度近似，提出了一个显式解。他们研究了相关噪声对伪势能和随机分叉的影响，结果表明：噪声强度和相关时间可以被视为分叉参数。上述研究仅针对单一噪声情况，但实际动力系统同时受到加性和乘性噪声的干扰。并且在许多物理系统以及范德波尔系统中，时间延迟在自然界中广泛存在，尤其是噪声和时间延迟的组合似乎在自然界中也无处不在，并经常改变系统的基本动态。这些重要的研究提供了许多宝贵的见解，但在范德波尔振荡器的背景下，几乎没有工作针对实际时间延迟与加性和乘性噪声耦合。因此，本章的研究目标是同时考虑原型范德波尔振荡器中的加性和乘性波动，并呈现在多个时间延迟反馈控制力下的振荡器。一个重要的发现是随机共振激活和噪声增强稳定性的现象的发生。

3.2 模型说明和方法

3.2.1 确定性描述

原型范德波尔振荡器的示意如图3-1所示。它由电子乘法器M_i($i=1$，…，5)、积分器(具有反馈电容器的运算放大器)和求和器(由具有多个输入电阻的运算放大器实现)组成。控制设备由一连串的电子延迟线和几个运算放大器组成，这些运算放大器充当前置放大器、减法器或逆变器。该装置允许我们施加形式为$F_c^*=K_{c_1}^* V(t_0-\tau_1)+K_{c_2}^* \dot{V}(t_0-\tau_2)$的控制力，即同时考虑时滞位移和速度反馈。因此，$\tau_1$和$\tau_2$分别为位移和速度的时间延迟，$K_{c_1}^*$和$K_{c_2}^*$分别为位移和速度的反馈强度。利用弥尔曼定律，右侧的电位V_G为：

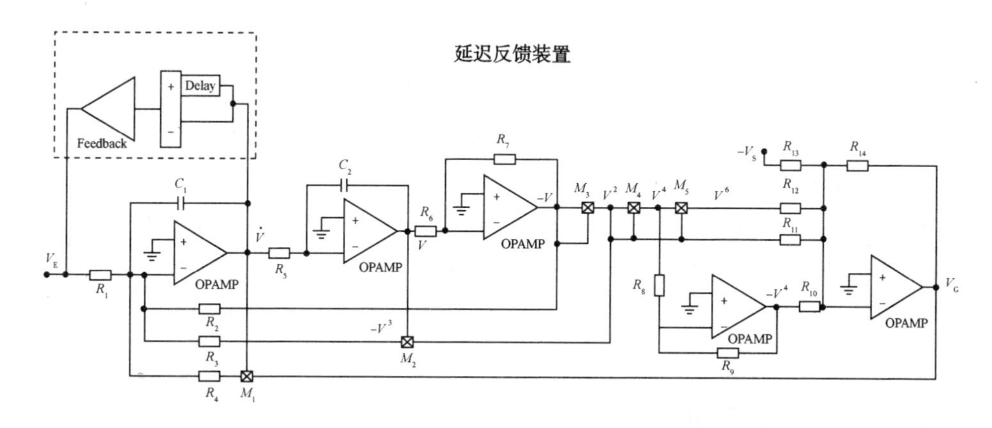

图3-1 带有时间延迟反馈装置的范德波尔振荡器电路图

$$V_G=\frac{R_{14}}{R_{13}}V_S-\frac{R_{14}}{R_{11}}\frac{V^2}{\rho}+\frac{R_{14}}{R_{10}}\frac{V^4}{\rho^3}-\frac{R_{14}}{R_{12}}\frac{V^6}{\rho^5} \tag{3-2}$$

式中，ρ为一个缩放因子，具有电压的量纲。乘法器M_1给出了末端电压：

$$\dot{V}=\int\left[\frac{V_E}{R_1C_1}-\frac{V}{R_2C_1}-\frac{V^3}{R_3C_1}+\frac{F_c^*}{R_1C_1}+\left(\frac{R_{14}}{R_{13}}V_S-\frac{R_{14}V^2}{R_{11}\rho}+\frac{R_{14}V^4}{R_{10}\rho^3}-\frac{R_{14}V^6}{R_{12}\rho^5}\right)\frac{\dot{V}}{\rho}\right]\frac{dt_0}{R_4C_1} \tag{3-3}$$

取式(3-3)的时间导数，可得到：

$$R_4C_1\ddot{V}=\frac{R_{14}}{R_{13}}\times\frac{V_S}{\rho}\left(1-\frac{R_{13}}{R_{11}}\frac{V^2}{\rho V_S}+\frac{R_{13}}{R_{10}}\frac{V^4}{\rho^3V_S}-\frac{R_{13}}{R_{12}}\frac{V^6}{\rho^5V_S}\right)\dot{V}-\frac{V}{R_2C_1}-\frac{V^3}{R_3C_1\rho^2}+\frac{V_E}{R_1C_1}+\frac{K_{c_1}^*V(t_0-\tau_1)+K_{c_2}^*\dot{V}(t_0-\tau_2)}{R_1C_1} \tag{3-4}$$

考虑以下变量和参数的改变：

$$t=\frac{\omega_1}{t_0},\ x=\frac{V}{V_0},\ \mu=\frac{R_{14}V_S}{\rho R_{13}R_4C_1\omega_1},\ \alpha=\frac{R_{13}V_0^4}{R_{10}\rho^3V_S}$$

$$\beta=\frac{R_{13}V_0^6}{R_{12}\rho^5V_S},\ \omega_1^2=\frac{1}{R_2R_4C_1^2}$$

$$\omega_2^2=\frac{1}{R_3R_4C_1^2\rho^2},\ \gamma=\frac{\omega_2^2}{\omega_1^2},\ K_{c_1}=\frac{R_2K_{c_1}^*}{R_1V_0}$$

$$K_{c_2}=\frac{K_{c_2}^*}{R_1R_4C_1^2\omega_1},\ F_e=\frac{R_2V_E}{R_1V_0}$$

式中，V_0为参考电压。在约束条件$R_{13}V_0^2=R_{11}\rho V_S$下，无量纲电路方程由以下适合分析的非线性延迟微分方程定义：

$$\ddot{x}-\mu(1-x^2+\alpha x^4-\beta x^6)\dot{x}+x+\gamma x^3=K_{c_1}x(t-\tau_1)+K_{c_2}\dot{x}(t-\tau_2)+F_e \tag{3-5}$$

式(3-5)描述的振荡器表现出具有多个极限周期的自激发振荡，这是双向性发生的条件。一个双节律动力系统的特征是存在两个共存的稳定极限环。为了实现对极限环振荡器的控制，系统(3-1)受到了一个时滞力$F_c^*=K_{c_1}^*V(t_0-\tau_1)+K_{c_2}^*\dot{V}(t_0-\tau_2)$的影响。在没有延迟反馈和外部源$F_e$的情况下，范德波尔振荡器(3-5)被简化为通用类别的原型动力系统(3-1)。有文献分析了指数相关噪声对双节律范德波尔型振子的影响，本章研究了式(3-5)中在乘性和加性噪声源组合下，耦合延时位移和速度反馈的非线性过渡动力学。

3.2.2 随机描述

考虑在乘性和加性噪声源同时作用下的延迟范德波尔振荡器系统(3-5)的动态，该模型的朗之万方程为：

$$\ddot{x}-\mu(1-x^2+\alpha x^4-\beta x^6)\dot{x}+x+\gamma x^3=K_{c_1}x(t-\tau_1)+K_{c_2}\dot{x}(t-\tau_2)+\sum_{j=1}^{2}h_j(x)\eta_j(t) \tag{3-6}$$

式中，$h_j(x)$为一个确定性函数，描述了高斯噪声$\eta_j(t)$的状态相关行为，其中$\eta_j(t)$为一个高斯白噪声，并且其统计特性为：

$$\langle\eta_j(t)\rangle=0,\ \langle\eta_i(t)\eta_j(t')\rangle=2d_{ij}\delta(t-t') \tag{3-7}$$

这里的⟨⋯⟩表示整体平均值，对于许多系统(遍历系统)，它与在任意长时间 t 上计算的时间平均值重合。其中$d_{11}=d_1$和 $d_{22}=d_2$分别为噪声 $\eta_1(t)$和 $\eta_2(t)$的强度，$d_{12}=d_{21}=0$。电压V_E的贡献由外部源提供。在我们的研究中，假设V_E是一个随机项，因此假设式（3-5）中的F_e包含一个加性噪声$\eta_1(t)$和一个乘性噪声$\eta_2(t)$，其源于参数的随机变化。当同时考虑乘性和加性噪声时，可以重写振荡器受到加法噪声[$h_1(x)=1$]和乘法噪声[$h_2(x)=x$]的影响为：

$$\ddot{x}-\mu(1-x^2+\alpha x^4-\beta x^6)\dot{x}+x+\gamma x^3=K_{c_1}x(t-\tau_1)+K_{c_2}\dot{x}(t-\tau_2)+\eta_1(t)+x\eta_2(t) \tag{3-8}$$

系统(3-8)的响应是一个随机过程，由于反馈中包含的时间延迟，它是非马尔可夫的。采用多尺度展开方法来推导受高斯噪声源作用的范德波尔振荡器的稳态概率分布，假设存在两个主要时间尺度：一个是一阶时间尺度 t，另一个是时间尺度 $T=\epsilon^2t(\epsilon>0)$，后者比前者慢，随机贡献被假定在 t 或更快地消失。因此，随机性仅在较慢的时间尺度 T 上。式(3-8)的解可以写成：

$$x(t,\ T)=\epsilon A(T)\cos(\omega_0t)-\epsilon B(T)\sin(\omega_0t) \tag{3-9}$$

所以$\dot{x}(t,\ T)=-\epsilon\omega_0A(T)\sin(\omega_0t)-\epsilon\omega_0B(T)\cos(\omega_0t)$，其中$\omega_0$为振荡的主频率。$A(T)$和 $B(T)$是两个随机过程，只保留在缓慢时间尺度 T 上的演化。考虑了时间延迟，可得到：

$$\begin{cases}x(t-\tau_1,\ T-\epsilon^2\tau_1)=\epsilon A(T-\epsilon^2\tau_1)\times\cos[\omega_0(t-\tau_1)]-\epsilon B(T-\epsilon^2\tau_1)\times\sin[\omega_0(t-\tau_1)]\\ \dot{x}(t-\tau_2,\ T-\epsilon^2\tau_2)=-\omega_0A(T-\epsilon^2\tau_2)\times\sin[\omega_0(t-\tau_2)]-\epsilon\omega_0B(T-\epsilon^2\tau_2)\times\cos[\omega_0(t-\tau_2)]\end{cases} \tag{3-10}$$

由于时间延迟τ_1和τ_2是有限的，$A(T-\epsilon^2\tau_1)\approx A(T-\epsilon^2\tau_2)\approx A(T)$，$B(T-\epsilon^2\tau_1)\approx B(T-\epsilon^2\tau_2)\approx B(T)$。

因此，式(3-10)简化为：

$$\begin{cases}x(t-\tau_1)\approx x\cos(\omega_0\tau_1)-\dfrac{\dot{x}\sin(\omega_0\tau_1)}{\omega_0}\\ \dot{x}(t-\tau_2)\approx x\omega_0\sin(\omega_0\tau_2)+\dot{x}\cos(\omega_0\tau_2)\end{cases} \tag{3-11}$$

通过将式(3-11)替换为式(3-8)，发现：

$$\ddot{x}-\mu(\xi-x^2+\alpha x^4-\beta x^6)\dot{x}+\omega_0^2x+\gamma x^3=\eta_1(t)+x\eta_2(t) \tag{3-12}$$

也就是：

$$\xi=1-\frac{K_{c_1}\sin(\omega_0\tau_2)}{\omega_0\mu}+\frac{K_{c_2}\cos(\omega_0\tau_2)}{\mu}$$

$$\omega_0^2=1-K_{c_1}\cos(\omega_0\tau_1)-K_{c_2}\omega_0\sin(\omega_0\tau_2) \tag{3-13}$$

在没有噪声和延迟反馈$K_{c_1}=K_{c_2}=0$ 的情况下，式(3-12)简化为式(3-1)，而且

$\omega_0^2\approx1$对应于谐波极限中的频率。注意，延迟仍然影响系统（3-12），考虑式（3-13）。因此，式(3-12)与没有时间延迟的系统不等价。

为了得到近似延迟福克-普朗克方程，首先引入变量转换：

$$x(t)=a(t)\cos\phi(t),\ \dot{x}(t)=-a(t)\sin\phi(t)$$
$$\phi(t)=t+\theta(t)$$

在准谐波区域，假设噪声强度很小，通过替换延迟范德波尔系统(3-12)的方程，可以得到瞬时振幅 $a(t)$ 和相位 $\theta(t)$ 的以下随机方程：

$$\begin{cases}\dot{a}=\mu(\xi-a^2\cos^2\phi+\alpha a^4\cos^4\phi-\beta a^6\cos^6\phi)a\sin^2\phi+\\ \quad\gamma a^3\cos^3\phi\sin\phi-\sin\phi\eta_1(t)-a\sin\phi\cos\phi\eta_2(t)\\ \dot{\theta}=\mu(\xi-a^2\cos^2\phi+\alpha a^4\cos^4\phi-\beta a^6\cos^6\phi)\sin\phi\cos\phi+\\ \quad\gamma a^2\cos^4\phi-\dfrac{\cos\phi}{a}\eta_1(t)-\cos^2\phi\,\eta_2(t)\end{cases}\tag{3-14}$$

通过应用随机平均法，可以得到以下一对随机方程：

$$\begin{cases}\dot{a}=\dfrac{\mu\xi\alpha}{2}-\dfrac{\mu a^3}{8}+\dfrac{\mu\alpha a^5}{16}-\dfrac{5\mu\beta\alpha a^7}{128}+\dfrac{d_1}{2a}+\dfrac{3d_2a}{8}+\sqrt{d_1+\dfrac{d_2a^2}{4}}\dot{W}_1(t)\\ \dot{\theta}=\dfrac{3\gamma a^2}{8}+\sqrt{\dfrac{d_1}{a^2}+\dfrac{3d_2}{4}}\dot{W}_2(t)\end{cases}\tag{3-15}$$

式中，$W_1(t)$和$W_2(t)$为独立的标准化维纳过程。显然，$\dot{a}$不依赖于 θ，因此，可以为振幅 a 开发概率密度，而不是为 a 和 θ 的联合密度。

$Q(a,\ t)$ 表示振幅稳态概率分布函数（SPDF），即在时间 t 振荡器的振幅恰好等于 a。然后，根据 Risken 对应于式（3-12）和式（3-7）的延迟福克-普朗克方程可以给出 $Q(a,\ t)$的表达式：

$$\frac{\partial Q(a,\ t)}{\partial t}=-\frac{\partial}{\partial a}F(a)Q(a,\ t)+\frac{\partial^2}{\partial a^2}G(a)Q(a,\ t)\tag{3-16}$$

其中，$F(a)$和 $G(a)$分别为：

$$F(a)=\frac{\mu\xi a}{2}-\frac{\mu a^2}{8}+\frac{\mu\alpha a^5}{16}-\frac{5\mu\beta a^7}{128}+\frac{d_1}{2a}+\frac{3d_2a}{8}$$
$$G(a)=d_1+\frac{d_2a^2}{4}\tag{3-17}$$

噪声和时间延迟对分岔图的影响由 SPDF 的极值给出。SPDF 的极值服从一般方程：

$$F(a)-G'(a)=0$$
$$\frac{\mu\xi a}{2}-\frac{\mu a^2}{8}+\frac{\mu\alpha a^5}{16}-\frac{5\mu\beta a^7}{128}+\frac{d_1}{2a}+\frac{3d_2a}{8}=0\tag{3-18}$$

从式(3-16)和式(3-17)可得出振幅 SPDF 为:

$$Q_{st}(a)=\frac{N}{\sqrt{G(a)}}\exp\left[\int_0^a \frac{h(z)}{G(z)}\mathrm{d}z\right]$$
$$=\frac{N}{\sqrt{G(a)}}\exp\left[-\frac{U_{qp}(a)}{d_2}\right] \tag{3-19}$$

式中,N 为归一化常数,$h(a)$由下式得到:

$$h(a)=\frac{\mu\xi a}{2}-\frac{\mu a^2}{8}+\frac{\mu\alpha a^5}{16}-\frac{5\mu\beta a^7}{128}+\frac{d_1}{2a}+\frac{3d_2 a}{8} \tag{3-20}$$

延迟福克-普朗克方程的有效势能或准势能函数 $U_{qp}(a)$ 为:

$$U_{qp}(a)=-d_2\int_0^a \frac{h(z)}{G(z)}\mathrm{d}z=\frac{5}{192}\mu\beta a^6-\gamma_1 a^4+\gamma_2 a^2-\gamma_3\ln\left|\frac{a^2}{\hat{d}+0.25a^2}\right| \tag{3-21}$$

其中:

$$\hat{d}=\frac{d_1}{d_2},\ \gamma_1=\frac{\mu\alpha}{16}+\frac{\mu\beta}{32}\hat{d},\ \gamma_2=8\hat{d}\gamma_1+\frac{\mu}{4},\ \gamma_3=8\hat{d}\gamma_2+\mu\xi+\frac{d_2}{4} \tag{3-22}$$

图 3-2 所示为准势能$U_{qp}(a)$的三维视图。时间延迟以周期方式改变了系统的动力学。在噪声存在的情况下,吸引子或动力学系统的稳定轨道变成亚稳态。事实上,噪声可以提供足够的能量来克服困扰势能$U_{qp}(a)$,因此不可能永远将系统困在势阱中:当最终发生如此规模的波动以克服障碍时,系统会移出吸引盆地。通过适当选择参数,自激振荡器的主要特性是保持两种不同振幅的合适振荡。

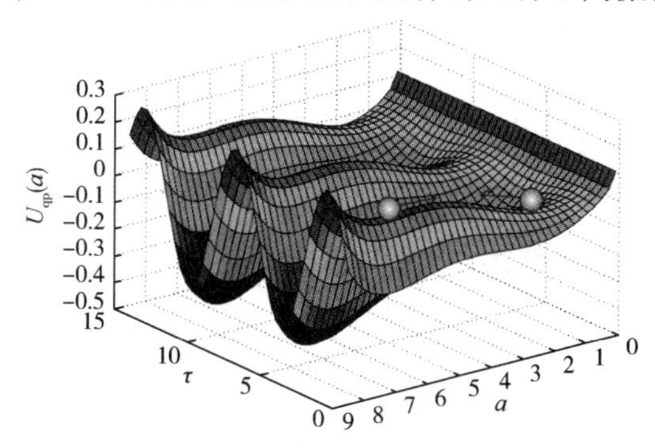

图 3-2 准势能$U_{qp}(a)$关于振幅 a 和时间延迟 τ 的 3D 图。系统中的势能用以模拟在转位动力学过程中振幅需要克服的障碍的存在。参数数值为$\mu=0.1$,$\alpha=0.1$,$\beta=0.002$,$K_{e_1}=0.1$,$K_{e_2}=0.01$,$d_1=0.1$,$d_2=0.1$

3.2.3 周期吸引子的平均首次通过时间

该系统具有两个稳定吸引子：一个是低振幅吸引子(a_1)，另一个是高振幅吸引子(a_2)。系统中存在的扰动和时间延迟导致从$a_{1,2}$到$a_{2,1}$的转移。从周期吸引子到另一个吸引子的平均首次穿越时间（MFPT）给出了从一个吸引子转移到另一个吸引子的平均时间。MFPT$T(a)$满足以下微分方程：

$$F(a)\frac{\mathrm{d}T(a)}{\mathrm{d}a}+\frac{1}{2}G(a)\frac{\mathrm{d}^2T(a)}{\mathrm{d}a^2}=-1 \tag{3-23}$$

其中漂移和扩散系数 $F(a)$和 $G(a)$如式（3-17）中所给出。它可以通过适当的边界条件来解决：在最大值处设有吸收边界，并且在 0 或∞ 处设有反射边界。因此，给出 MFPT：

$$T(a_2\to a_1)=\int_{a_2}^{a_1}\frac{\mathrm{d}a}{G(a)\ Q_{\mathrm{st}}(a)}\int_0^a Q_{\mathrm{st}}(y)\,\mathrm{d}y \tag{3-24}$$

然后，应用最陡峭的下降近似，MFPT 的近似分析表达式：

$$T_{\mathrm{HL}}=T(a_2\to a_1)=\frac{2\pi}{\sqrt{|U''_{\mathrm{qp}}(a_{\mathrm{u}})U''_{\mathrm{qp}}(a_2)|}}\times\exp\left[\frac{U_{\mathrm{qp}}(a_{\mathrm{u}})-U_{\mathrm{qp}}(a_2)}{d_2}\right] \tag{3-25}$$

$$T_{\mathrm{HL}}=T(a_1\to a_2)=\frac{2\pi}{\sqrt{|U''_{\mathrm{qp}}(a_{\mathrm{u}})U''_{\mathrm{qp}}(a_1)|}}\times\exp\left[\frac{U_{\mathrm{qp}}(a_{\mathrm{u}})-U_{\mathrm{qp}}(a_1)}{d_2}\right] \tag{3-26}$$

其中，$U_{\mathrm{qp}}(a)$由式（3-21）和式（3-22）给出，U_{qp}为U''_{qp}相对于 a 的二阶导数。需要注意的是，上述结果仅在两种类型的噪声的强度(由d_1和d_2表示)相对于能量障碍高度很小的情况下才有效，即：

$$d_1,\ d_2\ll|\Delta U_{\mathrm{qp}}(a_{1,2})|[\Delta U_{\mathrm{qp}}(a_{1,2})\equiv U_{\mathrm{qp}}(a_{\mathrm{u}})-U_{\mathrm{qp}}(a_{1,2})]$$

振幅跃过准势能障碍的逃逸问题与常规系统不同，显示出一些新颖的随机现象。

3.3 动力学特性与数值模拟

3.3.1 数值模拟算法

为了模拟乘法和加法噪声，随机延迟朗之万方程式(3-8)可以写成：

$$\begin{cases}\dot{x}=y\\ \dot{y}=\mu(1-x^2+\alpha x^4-\beta x^6)y+x+\gamma x^3+K_{c_1}x_\tau+K_{c_2}y_\tau+\eta_1(t)+x\eta_2(t)\end{cases} \tag{3-27}$$

等式(3-27)的数值算法是使用欧拉过程获得的，离散时间步长为 h：

$$\begin{cases}x(t+h)=x(t)+f(y)h\\ y(t+h)=y(t)+f(x,\ y|x_\tau,\ y_\tau)h+R_1(t)+xR_2(t)\end{cases} \tag{3-28}$$

其中$R_1(t)=\sqrt{2d_1h}\chi_1(t)$且$R_1(t)=\sqrt{2d_2h}\chi_2(t)$。$\chi_1(t)$和$\chi_2(t)$是两个独立的均值为0、方差为1的高斯随机数。通过将初始条件设为$t=0$，$x(0)=0$，$y(0)=0$，并令$a(t)=\sqrt{x^2(t)+y^2(t)}$，因此获得了$a(t)$的时间序列。然后，通过基于数理统计思想的蒙特卡罗模拟方法获得振幅SPDF。

3.3.2 节律特性和振幅死亡

在本小节中，研究了两个极限循环振荡器的动态行为，它们通过多重延迟反馈耦合相互作用。如果将等式(3-12)中的$[\mu(\xi-x^2+\alpha x^4-\beta x^6)\dot{x}]$视为外力，根据能量$E=\mu(\xi-x^2+\alpha x^4-\beta x^6)\dot{x}^2$，在$E=0\leqslant t\leqslant T(T\approx 2\pi)$，将$\Delta E$写成：

$$\Delta E=E(T)-E(0)=\int_0^T\mu(\xi-x^2+\alpha x^4-\beta x^6)\dot{x}^2\mathrm{d}t \tag{3-29}$$

根据上述对式(3-12)的分析，得出以下表达式：

$$\Delta E=\pi\mu a^2\left(\xi-\frac{a^2}{4}+\frac{\alpha a^4}{8}-\frac{5\beta a^6}{64}\right) \tag{3-30}$$

这产生了振幅方程：

$$\Gamma(a)=\mu\left(\xi-\frac{a^2}{4}+\frac{\alpha a^4}{8}-\frac{5\beta a^6}{64}\right) \tag{3-31}$$

对于我们的目的而言，式(3-1)描述的非线性自激振荡器最重要的特征是它具有多个稳定的极限环解。如图3-3所示，没有时间延迟反馈时该解基于式(3-31)表现出双节律性。限制该区域的L_1和L_2线对应于鞍点分叉。左侧的分叉线(L_1)表示高振幅吸引子(外极限环)的鞍点分叉，而右侧的线(L_2)标志着低振幅吸引子(内极限环)的鞍点分叉。本研究中，将模型(3-5)作为双节律性发生的通用原型动力系统类，以研究时间延迟反馈对两个吸引子之间噪声诱导现象的影响。

$\Gamma(a)$还表明可以被适当调节延迟反馈以控制鞍点分叉条件。基于振幅方程(3-31)的解析估计，可以得到决定极限环存在与否的正根数量。图3-4(a)中绘制了耗散区域$[\Gamma(a)<0]$和能量吸收区域$[\Gamma(a)>0]$。显然，极限环周期解$\Gamma(a)$应为零，根的数量表示系统的极限环(周期吸引子)的存在与否。此外，通过对振幅方程求a的导数来检查极限环的稳定性。稳定性表明：

$$\left[\frac{\mathrm{d}\Gamma(a)}{\mathrm{d}a}\right]_{\text{Limit cycle}}<0 \tag{3-32}$$

在双节律性区域，存在两个稳定的周期吸引子a_1和a_2，它们被一个不稳定的吸引子a_u分隔，如图3-4(a)所示。显然，延迟反馈作为系统的外力可以有效地控制极限环振荡的动力学。

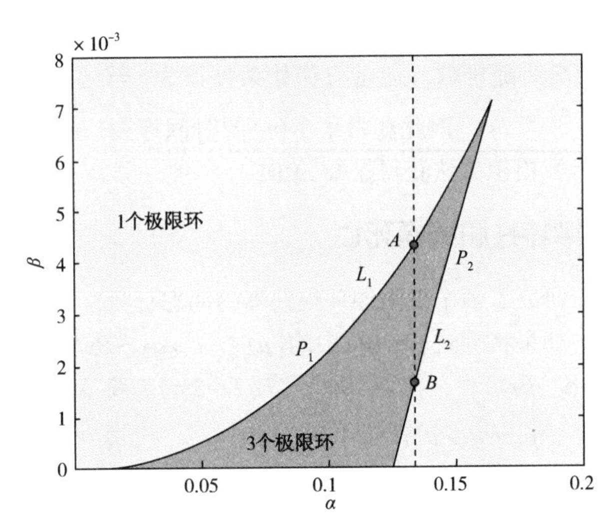

图 3-3　原型双节律动力系统的分叉图，显示一些区域，其中可以找到 1 个(灰色区域表示的区域)或 3 个极限环(深色区域表示的区域)。点P_1(0.1，0.002)和P_2(0.14，0.004)代表两种不同的动力学场景。A 和 B 是线L_1和L_2的交点

图 3-4(b)~(d)所示为振幅 a 对应的(a)的关系曲线图。为简单起见，设定$\tau=\tau_1=\tau_2$。最初，当$\tau=0$时，我们观察到 3 个根，即图 3-4(b)中存在双节律性。随着 τ 增加到 0.5π，曲线逐渐向下推移，根仍为 3 个。随着 τ 值继续增加($\tau=1.5\pi$)，曲线逐渐向上推移，以至于它只穿过零线一次，显示单个根，表明存在一个稳定的极限环或单节律行为。随着 τ 进一步增加，曲线逐渐向下推移，并在$\tau=0$时振荡再次恢复。振荡器的节律特性是首先出现双节律性，然后是单节律性，最后是双节律性。

图 3-4(c)、(d)所示为时延反馈强度K_{c_1}和K_{c_2}对振荡器节律特性的影响。对于$K_{c_1}=0.10$或$K_{c_2}=0.01$，存在 3 个根，表现出双节律性。随着K_{c_1}或K_{c_2}的增加($K_{c_1}=0.30$或$K_{c_2}=0.07$)，曲线逐渐向下推移，出现单节律性行为。K_{c_1}或K_{c_2}进一步增加超过临界反馈值，排除了任何实根的可能性，说明自激振荡特性的丧失。这是振荡器的延迟引起的振幅死亡的识别特征。已经有研究通过理论分析和实验观察到了延迟引起的振幅死亡现象。需要指出的是，当K_{c_1}或K_{c_2}取较大值时，随着时间延迟τ的增加，图 3-4(b)中也可能出现延迟引起的振幅死亡现象。

为了验证延迟反馈作用下范德波尔振荡器中近似方法的可靠性，我们进行了方程(3-8)的直接数值积分。在延迟反馈下范德波尔振荡器中的近似理论结果(见图 3-4)与数值模拟结果(见图 3-5)一致。如表 3-1 所示，提供了上述动力学特性的总结。

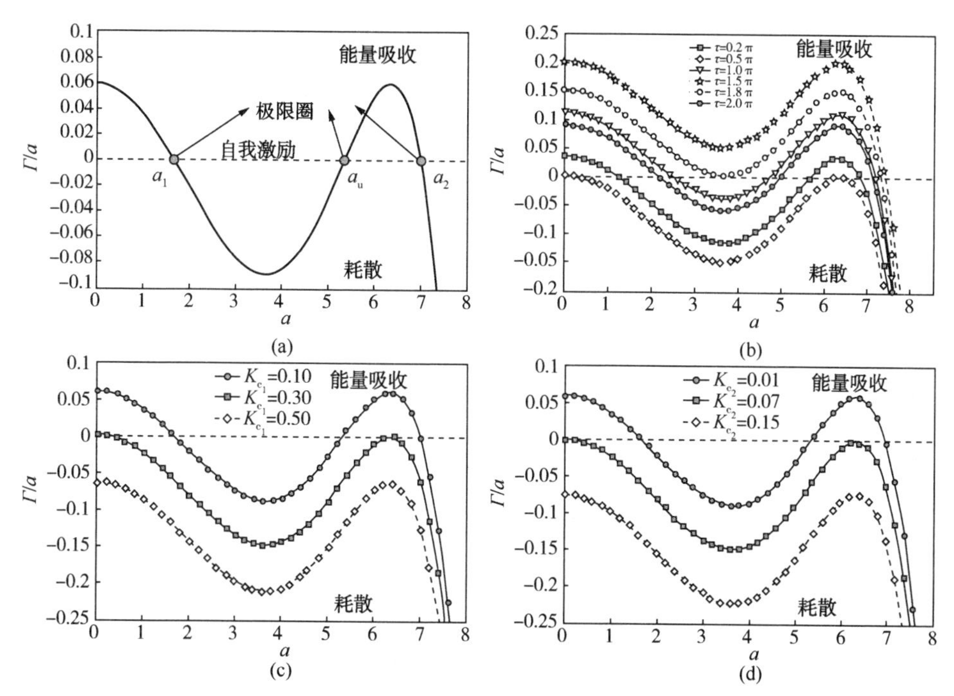

图 3-4 振幅方程 $\Gamma(a)$关于振幅 a 的图，对于固定值的 τ，K_{c_1}，K_{c_2} 以及不同值的 b 时间延迟 τ、反馈强度 c，K_{c_1} 和 d，K_{c_2}，分别显示耗散区域和能量吸收。(a) $K_{c_1}=0.1$，$K_{c_2}=0.01$，$\tau=0.1\pi$；(b) $K_{c_1}=0.1$，$K_{c_2}=0.01$；(c) $K_{c_2}=0.01$，$\tau=0.1\pi$；(d) $K_{c_1}=0.1$，$\tau=0.1\pi$，参数值为 $\mu=0.1$，$\alpha=0.1$，$\beta=0.002$，对应于分叉图中点 P_1

表 3-1 比较在存在时间延迟的情况下，近似理论结果（见图 3-4）与数值模拟结果（见图 3-5）中的极限环。参数值为 $\mu=0.1$，$\alpha=0.1$，$\beta=0.002$，(i) $K_{c_1}=0.1$，$K_{c_2}=0.01$；(ii) $\tau=0.1\pi$，$K_{c_2}=0.01$；(iii) $\tau=0.1\pi$，$K_{c_1}=0.1$

参数	值	根的个数（理论分析）	极限环的稳定性（理论分析）	极限环的个数（数值计算）
(i) τ	0.0π	3	2 stable，1 unstable	2 stable
	0.2π	3	2 stable，1 unstable	2 stable
	0.5π	3	2 stable，1 unstable	2 stable
	1.0π	3	2 stable，1 unstable	2 stable
	1.5π	1	1 stable	1 stable
	1.8π	2	1 stable，1 unstable	1 stable
	2.0π	3	2 stable，1 unstable	2 stable

续表

参数	值	根的个数（理论分析）	极限环的稳定性（理论分析）	极限环的个数（数值计算）
(ii) K_{c_1}	0.10	3	2 stable，1 unstable	2 stable
	0.30	3	2 stable，1 unstable	2 stable
	0.50	No roots	No roots	No limit cycle
(iii) K_{c_2}	0.01	3	2 stable，1 unstable	2 stable
	0.07	3	2 stable，1 unstable	2 stable
	0.15	No roots	No roots	No limit cycle

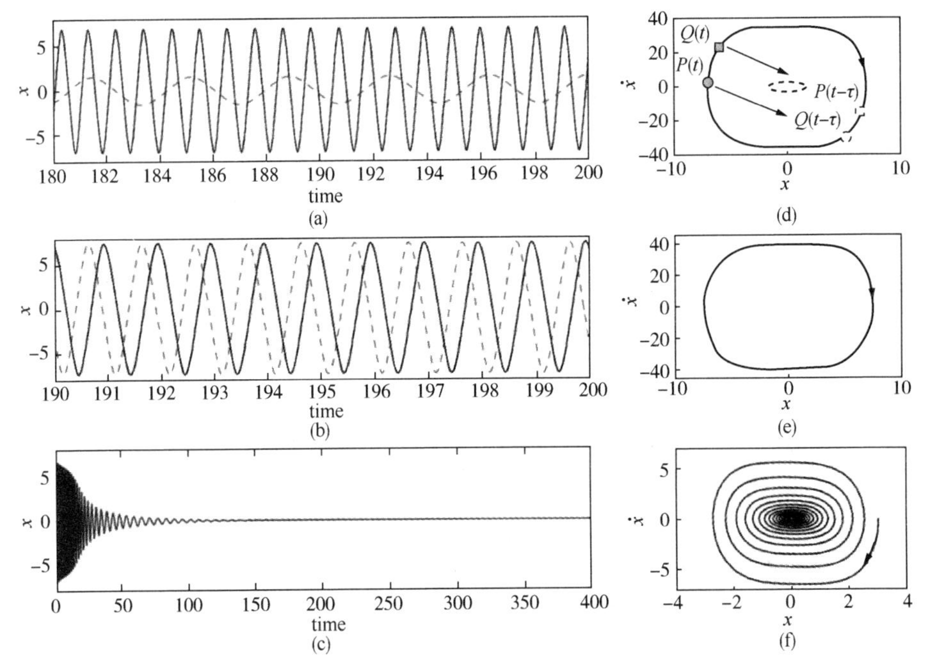

图 3-5　数值模拟：时间轨迹(a)~(c)对应于图 3-4 中所示的节律性特性。(a)(d)双节律性属性；(b)(e)单节律性行为；(c)(f)振幅死亡；相平面(d)~(f)对应于(a)~(c)中的节律性特性，初始条件为$(x,\ \dot{x})=(1.6,\ 0)$（虚线）和$(x,\ \dot{x})=(7,\ 0)$（实线）。一个振荡器的当前状态$P(t)$被拉向另一个振荡器的滞后状态$Q(t-\tau)$，反之亦然。对于适当的延迟和耦合强度值，振荡会向内螺旋，并如(c)(f)所示消失，(a)(d)$\tau=0.1\pi$，$K_{c_1}=0.1$；(b)$e\tau=1.5\pi$，$K_{c_1}=0.1$；(c)$f\tau=0.1\pi$，$K_{c_1}=0.5$。

其他参数值为$\mu=0.1$，$\alpha=0.1$，$\beta=0.002$，$K_{c_2}=0.01$

3.3.3 随机分叉

本小节致力于通过 SPDF 的定性变化来讨论随机分叉（SB）。原型动力系统(3-8)的 SPDF 对于振幅 a 可能是单峰或双峰，这表明随着某些参数的变化，单峰分布和双峰分布之间会发生转变。因此，随机 P 分叉(SPB)出现了。根据上述关于$\eta_j(t)$的定义，时间延迟、反馈和噪声强度对 SPB 的影响的结果分别如图 3-6~图 3-9 所示。

如图 3-6 所示，对方程(3-27)进行了直接数值积分。通过比较两种方法得到的 SPDF 曲线，可以观察到分析结果与数值结果之间有很好的一致性。图 3-8 所示为不同的反馈强度 K_{c_1}或 K_{c_2}下 SPDF 随振幅 a 的变化。显然，K_{c_1}或K_{c_2}强烈影响了随机分叉。

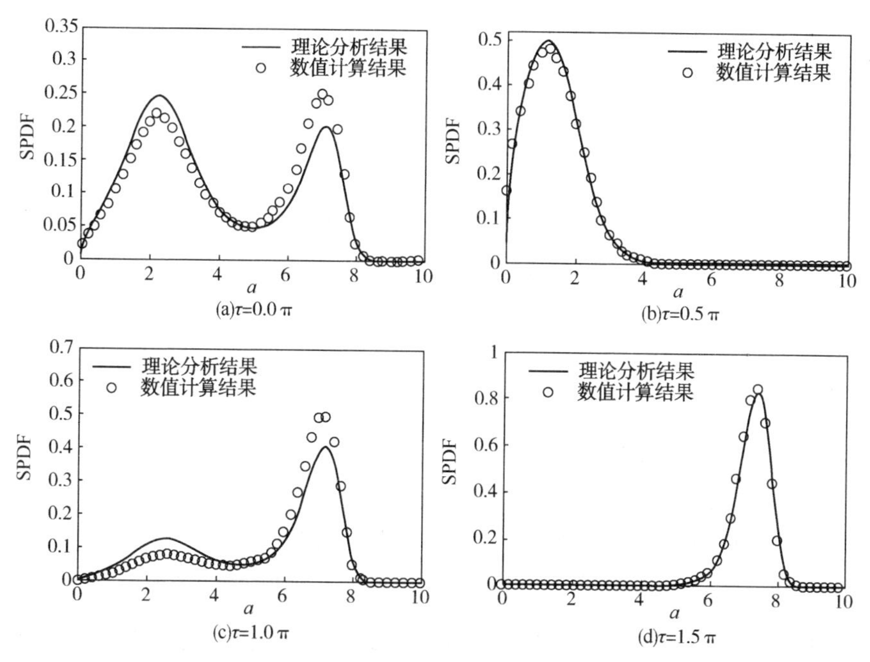

图 3-6 随机 P 分叉：对于不同时间延迟 τ 的情况，绘制 SPDF 与振幅 a 的图。其他参数为 $\alpha=0.1$，$\beta=0.002$，$\mu=0.1$，$K_{c_1}=0.1$，$K_{c_2}=0.01$，$d_1=0.05$，$d_2=0.02$

时间延迟 τ 对 SPDF 的影响如图 3-7 所示。当 $\tau=0$ 时，SPDF 作为振幅 a 的函数显示出两个峰值，一个位于低振幅的吸引子（a_1），另一个位于高振幅的吸引子（a_2）。随着 τ 的增加，高振幅吸引子的峰值变得更低，直到消失，而低振幅吸引子变得更高($\tau=0.5\pi$)。换句话说，SPDF 的结构从双峰变为单峰，时间延迟τ的增加将导致 SPB 出现。也就是说，时间延迟可能会导致从高振幅吸引子到低振幅吸引子的转变。当τ从0.5π增加到1.5π时，SPDF 结构从单峰变为双峰，然后再变为单峰。在高振幅吸引子处只有一个峰值。最后，当τ进一步增加到一定值时，SPDF 结构将恢复为双峰。显然，时间延迟以周期性的方式改变了系统动态。上述结果表明：SPB 现象将在一个周期内发生 4 次。时间延迟以周期性的方式改变动态的现象已经在相关论文中得到证实，然而，由于噪声的出现，振荡器中存在延迟引起的 SPB。

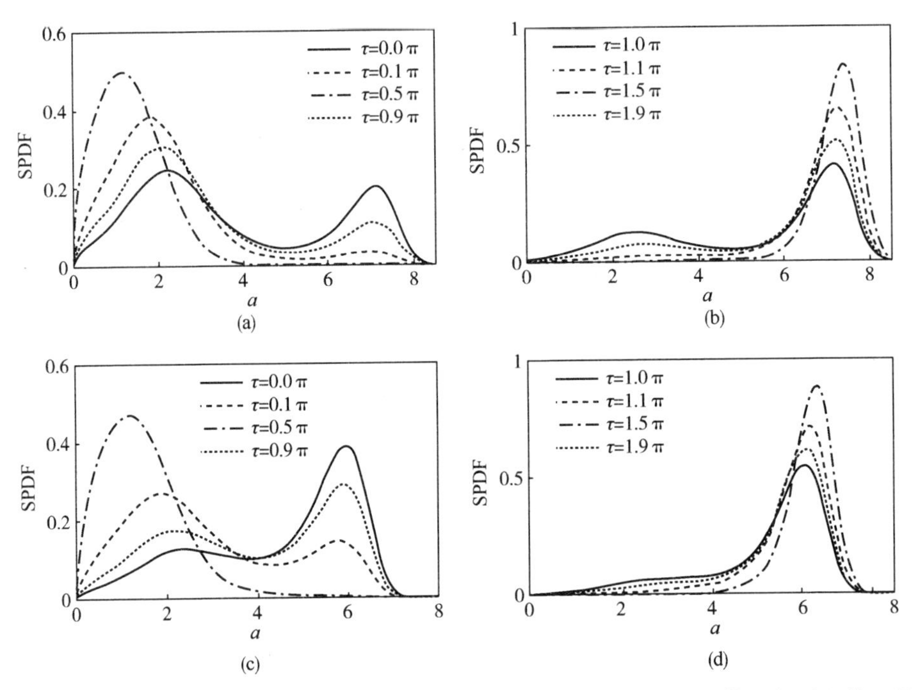

图 3-7　随机 P 分叉：绘制 SPDF 与振幅a的图，对不同时间延迟τ的值进行了比较。顶部行(a)(b)和底部行(c)(d)分别对应于图 3-3 中点$P_1(\alpha=0.1,\ \beta=0.002)$和点$P_2(\alpha=0.14,\ \beta=0.004)$。其他参数为$\mu=0.1$，$K_{c_1}=0.1$，$K_{c_2}=0.01$，$d_1=0.05$，$d_2=0.02$

图 3-9 所示为不同噪声强度d_1或d_2时 SPDF 与振幅a的对应关系。结果表明：噪声强度d_1或d_2的增加会引起两个备选稳定吸引子之间的转变。这也将导致 SPB 的出现。因此，噪声强度可以被视为分叉参数。在图 3-10 中，绘制了一个稳态分叉图，显示了噪声强度d_1或d_2不同值时振幅a对参数α或β的依赖关系。显然，系统已经完成了从单节律到双节律的转变，并最终随着α或β的增加过渡到了单节律。比较图 3-9 和图 3-10，噪声强度d_1和d_2对 SPDF 和分叉图的影响是一致的。

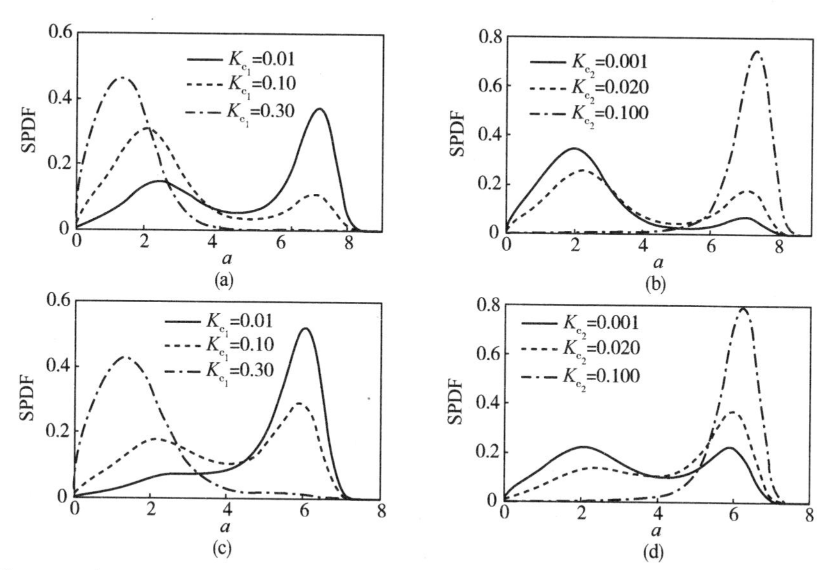

图 3-8 随机 P 分叉：绘制 SPDF 与振幅 a 的图，对不同反馈强度 K_{c_1}(a，c)或 K_{c_2}(b，d)的值进行了比较。顶部行(a)(b)和底部行(c)(d)分别对应于图 3-3 中点 $P_1(\alpha=0.1，\beta=0.002)$ 和 $P_2(\alpha=0.14，\beta=0.004)$。其他参数为 $\mu=0.1$，$\tau=0.9\pi$，$d_1=0.05$，$d_2=0.02$，(a)(c)$K_{c_2}=0.01$，(b)(d)$K_{c_1}=0.1$

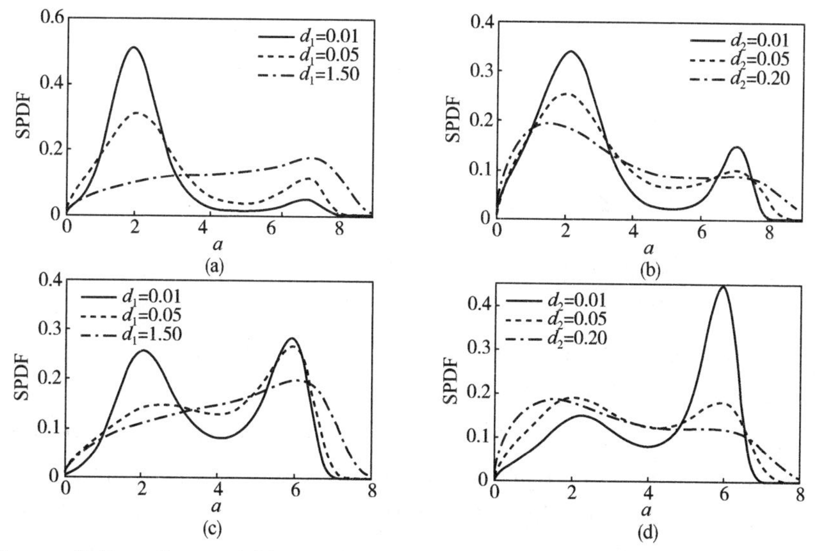

图 3-9 随机 P 分叉：绘制 SPDF 与振幅 a 的图，对不同噪声强度 d_1(a)(c)或 d_2(b)(d)的值进行了比较。顶部行(a)(b)和底部行(c)(d)分别对应于图 3-3中点 $P_1(\alpha=0.1，\beta=0.002)$ 和点 $P_2(\alpha=0.14，\beta=0.004)$。其他参数为 $\mu=0.1$，$\tau=0.9\pi$，$K_{c_1}=0.1$，$K_{c_2}=0.01$，(a)(c)$d_2=0.02$，(b)(d)$d_1=0.05$

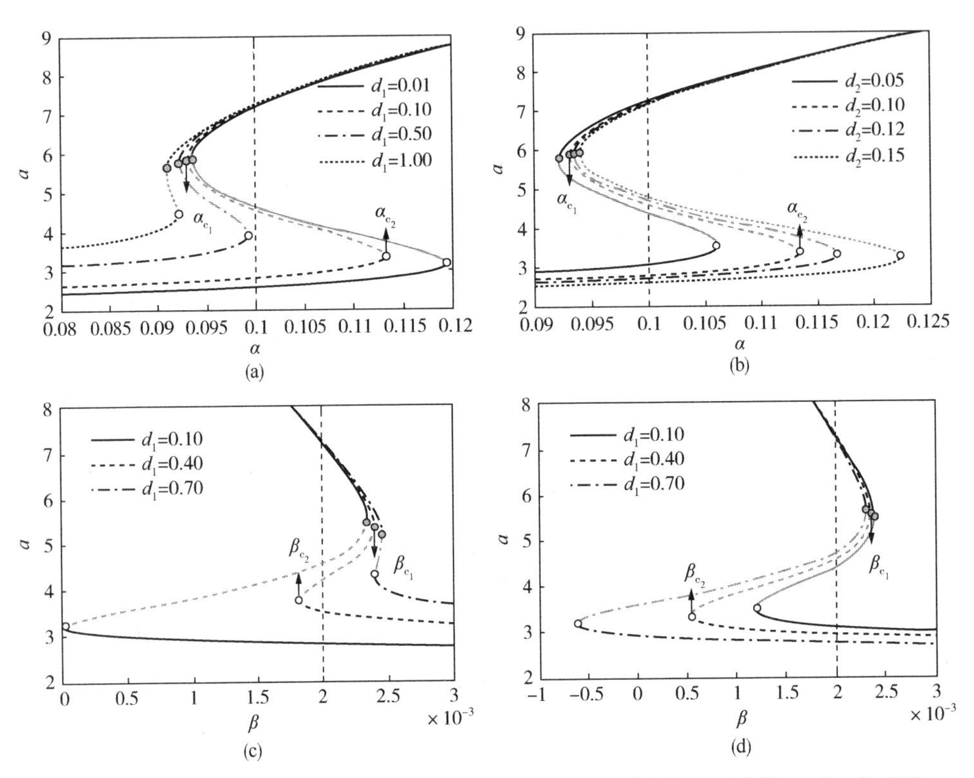

图 3-10　稳态分叉图：噪声强度为d_1(a)(c)或d_2(b)(d)时振幅 a 对参数 α 或 β 的依赖关系图。$\alpha_{c_1}/\alpha_{c_2}$和$\beta_{c_1}/\beta_{c_2}$是鞍点分叉存在的临界值。其他参数为：$\mu=0.1$，$K_{c_1}=0.1$，$K_{c_2}=0.01$，$\tau=0.9\pi$，(a)(b)$\beta=0.002$，(c)(d)$\alpha=0.1$

3.3.4　噪声增强稳定性

在噪声和多重时间延迟反馈存在的情况下分析噪声增强稳定性(NES)现象。图 3-11 所示为从高振幅吸引子 a_2 到低振幅吸引子a_1的 MFPT T_{LH}作为加性噪声强度d_1的函数，对于不同的延迟反馈强度K_{c_1}或K_{c_2}的值进行了比较。对于$K_{c_1}=0.162$ 或$K_{c_2}=0.030$的情况，MFPT T_{LH}显示出非单调行为，即，T_{LH}首先增加，达到一个最大值(使逃逸变慢)，然后随着d_1的增加而减小。MPTF 的这个最大值标志着高振幅吸引子a_2的 NES 效应。NES 效应说明噪声可以稳定波动性或周期驱动的亚稳态，使系统保持在这种状态下的时间比没有噪声时更长。因此，原型范德波尔振荡器由于噪声通过 NES 机制的作用，可以更长时间地停留在高振幅吸引子中。

结果表明，在正的延迟反馈强度K_{c_1}或K_{c_2}下，存在一个临界噪声强度d_{1cr}，或者存在一个使噪声诱导的 MFPT 最大的临界噪声强度。这种类似共振的行为与

Kramers 理论预测的单调行为相矛盾。延迟反馈强度K_{c_1}或K_{c_2}可以诱导高振幅吸引子的稳定性，这一事实提供了一种通过操纵时间延迟反馈来控制振幅的宝贵途径。此外，先前的研究已经揭示了在不同系统中，噪声和时间延迟的组合对 NES 现象起不同的作用。从图 3-11 可以看出，在本文的原型范德波尔振荡器中，MFPT T_{LH}的最大值随着延迟反馈强度K_{c_1}或K_{c_2}的增加而减小，并且最大值的位置向更大的d_1值移动。这意味着延迟反馈强度K_{c_1}或K_{c_2}不仅导致 NES 效应的出现，而且削弱了这种效应。这个结果可以解释为在加性噪声强度d_1和延迟反馈强度K_{c_1}或K_{c_2}之间存在最佳合作效应，使得逃逸变得非常缓慢。

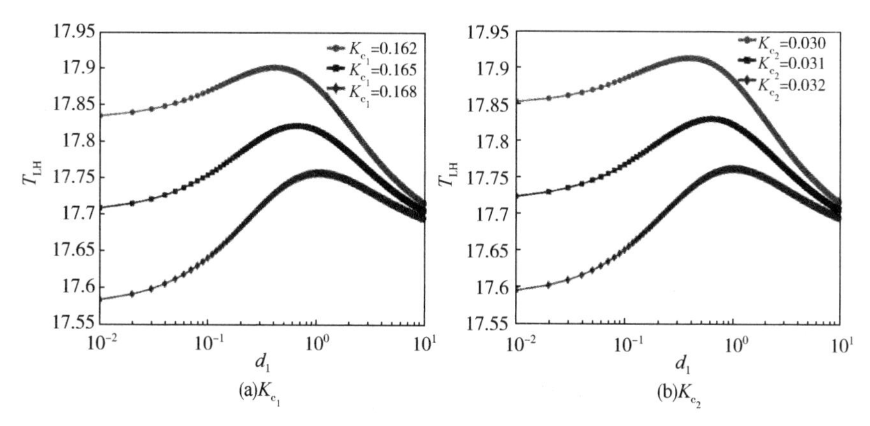

图 3-11 噪声增强稳定性：平均首次通过时间 MFPT T_{LH}作为加性噪声强度d_1的函数，对不同延迟反馈强度 K_{c_1}或 K_{c_2}的值进行了比较。其他参数为：$\mu=0.1$，$\alpha=0.1$，$\beta=0.002$，$\tau=0.1\pi$，$d_2=0.1$，(a)$K_{c_2}=0.01$，(b)$K_{c_1}=0.1$

在图 3-12 中，绘制不同延迟效应反馈强度下低振幅吸引子a_1到高振幅吸引子a_2的 MFPT T_{LH}随着加性噪声强度d_1的关系变化图，MFPT T_{LH}随着加性噪声强度d_1的增加单调减少。随着延迟反馈强度K_{c_1}或K_{c_2}的增加，MFPT T_{LH}增加，即延迟反馈强度可以增强低振幅吸引子的稳定性。

图 3-13 中的 MFPT T_{LH}曲线显示了非单调行为，并具有一个最小值。对于非常低的噪声强度，在极限 $d_2\to0$ 时，T_{LH}发散。随着噪声强度d_2的增加，振幅更容易从高振幅吸引子 a_2中逃逸，T_{LH}减小。当噪声强度达到临界值 d_{2cr}，或者存在一个使噪声诱导的T_{LH}最小值时，T_{LH}曲线的凹度发生变化。接近这样的噪声强度，逃逸过程变慢，因为重新进入高振幅吸引子 a_2的概率增加。在更高的噪声强度下，T_{LH}几乎保持在一个恒定值。总之，MFPT T_{LH}相对于 d_2的变化从单调发散行为连续过渡到非单调有限行为，具有最小值的非单调有限行为。

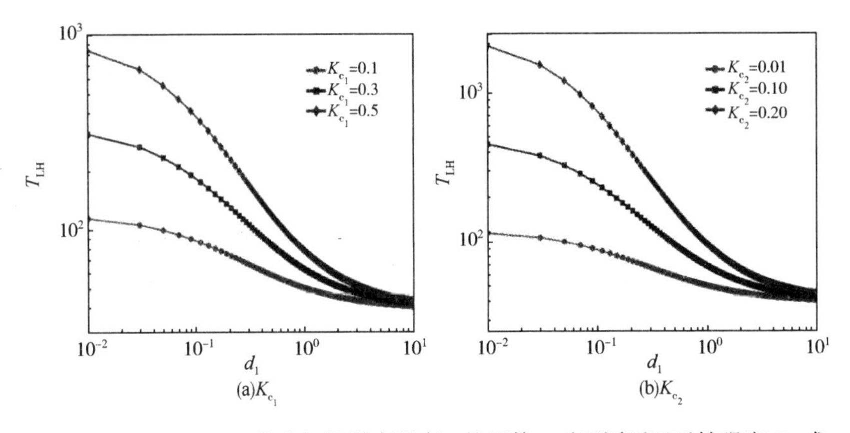

图 3-12　以 MFPT T_{LH} 作为加性噪声强度 d_1 的函数，对不同延迟反馈强度 K_{c_1} 或 K_{c_2} 的值进行了比较。其他参数为：$\mu=0.1$，$\alpha=0.1$，$\beta=0.002$，$\tau=0.1\pi$，$d_2=0.1$，(a) $K_{c_2}=0.01$，(b) $K_{c_1}=0.1$

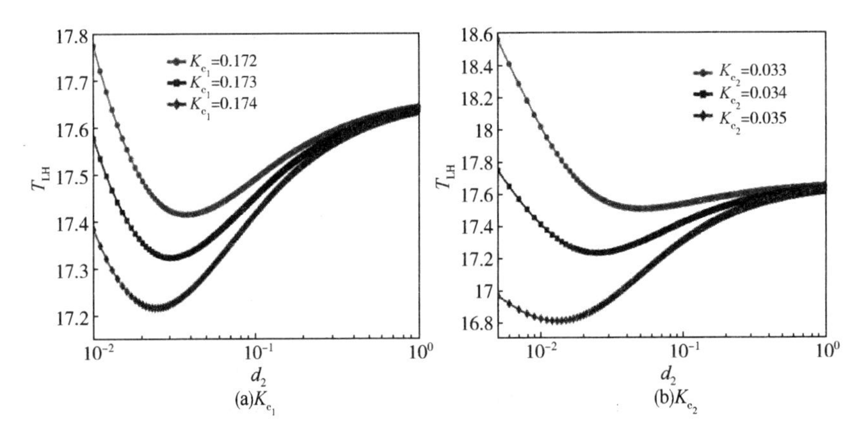

图 3-13　噪声增强稳定性：以 MFPT T_{LH} 作为乘性噪声强度 d_2 的函数，对不同延迟反馈强度 K_{c_1} 或 K_{c_2} 的值进行了比较。其他参数为：$\mu=0.1$，$\alpha=0.1$，$\beta=0.002$，$\tau=0.1\pi$，$d_1=0.1$，(a) $K_{c_2}=0.01$，(b) $K_{c_1}=0.1$

3.3.5　随机共振激活

随机共振激活(SRA)现象在 MFPT 与驱动外部频率的行为中具有一个特征，即对随机变量参数的依赖是非单调的，具有一个最小值，这已经在实验中观察到。随机过程中的 SRA 现象是理解与噪声驱动逃逸过程相关的速率过程的经典范例。在图 3-14 的所有面板中，都明显呈现出非单调行为，其特征是一个最小值，这表明存在 SRA。SRA 发生在振荡的主导频率接近最小值处，即在最低构型中势垒上的平均逃逸时间的倒数附近。

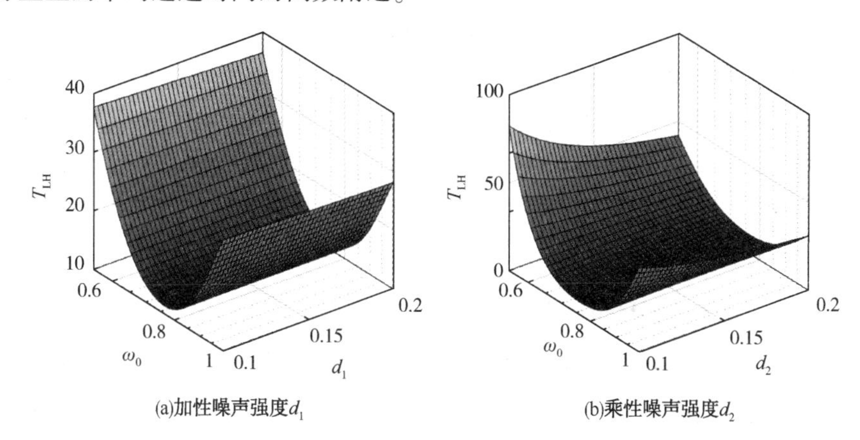

图 3-14　随机共振激活：以 MFPT T_{LH}作为主导频率ω_0的函数的三维图，对不同的加性噪声强度d_1和乘性噪声强度d_2的值进行了比较。其他参数为：$\mu=0.1$，$\alpha=0.1$，$\beta=0.002$，$\tau=0.2\pi$，$K_{c_1}=0.01$，$K_{c_2}=0.01$，(a)$d_2=0.25$，(b)$d_1=0.2$

图 3-15 所示为不同延迟反馈强度 K_{c_1}或K_{c_2}下，以 MFPT T_{LH}作为主导频率ω_0的函数的曲线。SRA 现象明显可见。后者的结果易于理解，因为延迟反馈强度K_{c_1}或K_{c_2}越大，通常振幅穿过势垒需要的时间就越少。这些发现与图 3-11 和图 3-13的结果一致。此外，我们还关注随着K_{c_1}或K_{c_2}的变化，MFPT 关于频率ω_0的最小值位置如何变化。可以明显看出，随着K_{c_1}的增加，MFPT 关于频率ω_0的最小值位置向更大的ω_0值移动，而随着K_{c_2}的增加，最小值位置则向更小的ω_0值移动。

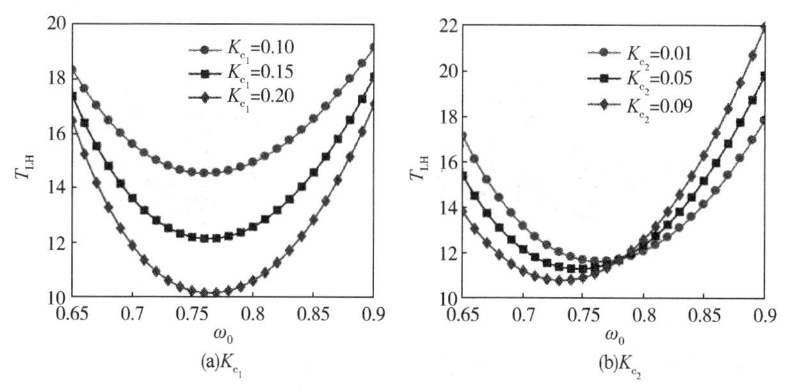

图 3-15　随机共振激活：以 MFPT T_{LH}作为主导频率ω_0的函数，对不同延迟反馈强度 K_{c_1}或K_{c_2}的值进行了比较。其他参数为：$\mu=0.1$，$\alpha=0.1$，$\beta=0.002$，$\tau=0.2\pi$，$d_1=0.25$，$d_2=0.25$，(a)$K_{c_2}=0.01$，(b)$K_{c_1}=0.162$

由于存在 SRA 现象，周期时间延迟反馈控制对势垒的调制与噪声之间的合作相互作用可以促进势垒穿越事件，从而加速从高振幅吸引子向低振幅吸引子的转变。因此，NES 和 SRA 效应对范德波尔型振荡器中两个稳定吸引子之间的转变起着相反的作用。从物理上讲，上述对 SRA 现象有意义的修改都可以归因于能量势垒的波动和由时间延迟和噪声引起的记忆效应。值得注意的是，我们系统中发生的 SRA 现象是由周期时间延迟和不相关的噪声引起的。因此，有必要区分以前工作中的 SRA 现象。

3.3.6 最佳延迟时间值

对于非线性振动系统，噪声变化可能使系统进入更有序的状态。这种类型的现象，如 NES 和 SRA 已经在各种系统中观察到。因此，应该考虑时间延迟对当前范德波尔振荡器中周期吸引子稳定性改善的影响。在图 3-16 中，绘制了 MFPT T_{LH}的三维视图。MFPT T_{LH}作为时间延迟τ的函数展示了最大值和最小值，这是因为时间延迟以周期性的方式改变了系统的动态。

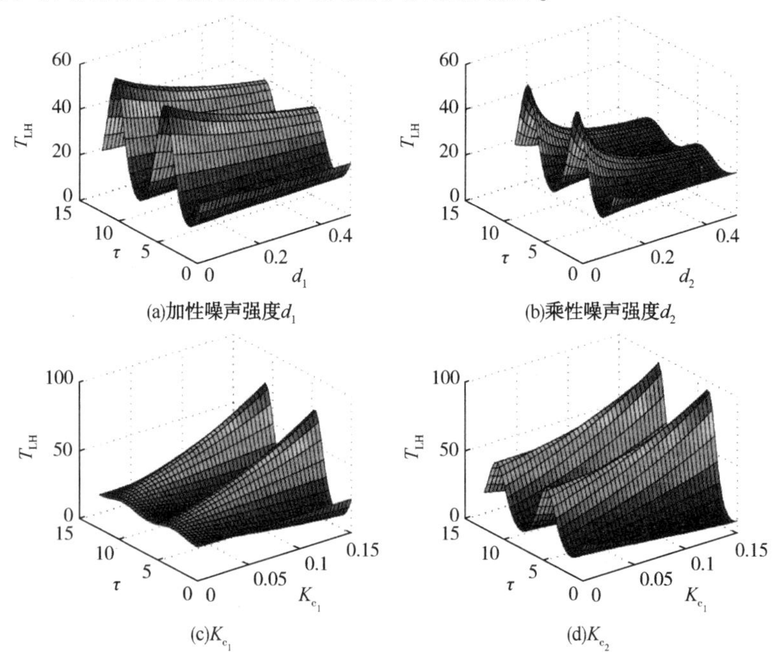

图 3-16 时间延迟 τ 的函数的 MFPT T_{LH} 的三维图，对不同的加性噪声强度d_1、乘性噪声强度d_2、延迟反馈强度K_{c_1}和K_{c_2}的值进行了比较。其他参数为：$\mu=0.1$，$\alpha=0.1$，$\beta=0.002$，(a)$d_2=0.1$，$K_{c_1}=0.1$，$K_{c_2}=0.01$；(b)$d_1=0.1$，$K_{c_1}=0.1$，$K_{c_2}=0.01$；(c)$d_1=0.1$，$d_2=0.1$，$K_{c_2}=0.01$；(d)$d_1=0.1$，$d_2=0.1$，$K_{c_1}=0.1$

由图 3-16(a)、(b)可知：随着噪声强度d_1或d_2的增加，最大值减小，最小值增加。由图 3-16(c)、(d)可知：随着延迟反馈强度K_{c_1}或K_{c_2}的增加，相反的结果被绘制出来。从图 3-16 可以看出，存在一个最佳的时间延迟值，在该值下范德波尔振荡器系统的 MFPT T_{LH}被最大化或最小化，从而使得逃逸变得非常快或缓慢。因此，必须根据 MFPT T_{LH}的最大值和最小值来考虑最佳时间延迟。周期吸引子的稳定性可以通过时间延迟来诱导，并且时间延迟可以作为控制响应的宝贵参数。

3.4 本章小结

本研究考虑了一类多功能的原型动力学系统中的振幅死亡、SPB、NES 和 SRA 现象，该系统由加性和乘性噪声驱动。多个时间延迟反馈控制力被包含进来，以获得最佳控制振幅或者依赖于控制参数的瞬态行为。修改后的范德波尔振荡器系统在没有时间延迟反馈的确定性情况下表现出双节律特性，即存在两个稳定吸引子，它们被一个不稳定状态分隔：一个是高振幅吸引子，另一个是低振幅吸引子。数值和分析结果指出，振荡器的节律特性的变化从双节律行为变为单节律行为。此外，振幅死亡可以通过延迟反馈控制参数来诱导。

通过对稳态和瞬态特性的研究，SPDF 和 MFPT 的结果确定了原型动力学系统中出现的噪声诱导现象，如 SPB、NES 和 SRA。研究表明，延迟反馈控制参数和噪声强度对 SPB 有影响。特别地，时间延迟可以导致 SPB 现象的发生，在一个周期内发生 4 次。因此，时间延迟、延迟反馈强度和噪声强度可以被视为分叉控制参数。此外，发现 MFPT 非单调地依赖于噪声强度和振荡的主导频率。第一个最显著的现象是 NES 和 SRA 的发生。第二个显著现象是，MFPT 作为时间延迟的函数既有最大值又有最小值，使得逃逸速度非常快或非常慢。因此，必须根据 MFPT 的最大值和最小值来考虑最佳时间延迟。

我们得到一种新型的 NES 和 SRA 现象与之前的研究不同，因为它们包含了多个时间延迟反馈控制力。时间延迟反馈控制力和噪声强度之间存在最佳合作，使得逃逸速度非常快或非常慢。这种新型 NES 和 SRA 现象是对修改后的范德波尔振荡器系统的研究，其对工程师可能具有重要意义，并且可以据此提出一种控制主动运动的可能策略。因此，我们期望该观察和发现将有助于动力学控制和振荡器设计。

参考文献

[1] UÇAR A. On the chaotic behaviour of a prototype delayed dynamical system[J]. Chaos, Solitons & Fractals, 2003, 16(2): 187-194.

[2] KRUPA M, POPOVIC N, KOPELL N. Mixed-mode oscilla- tions in three time-scale systems: A prototypical example[J]. SIAM J. Appl. Dyn. Syst., 2008, 7(2): 361-420.

[3] VAN DER POL B. On "relaxation oscillations"[J]. Philos. Mag. Ser., 1926, 2(11): 978-992.

[4] DUFFING G. Erzwungene schwingungen bei veranderlich eigenfrequenz und ihre technishe bedentung[M]. Friedrich Vieweg & Sohn, Braunschweig, 1918.

[5] LORENZ E N. Deterministic nonperiodic flow[J]. J. Atmos. Sci., 1963, 20(2): 130-141.

[6] CAO Q, WIERCIGROCH M, PAVLOVSKAIA E E, et al. Archetypal oscillator for smooth and dis-continuous dynamics[J]. Phys. Rev. E, 2006, 74(4): 046218.

[7] KADJI ENJIEU H G, CHABI OROU J B, YAMAPI R , et al. Nonlinear dynamics and strange attractor in the biological system[J]. Chaos, Solitons & Fractals, 2007, 32(2): 862-882.

[8] CHÉAGÉCHAMGOUÉ A, YAMAPI R, WOAFO P. Dynamics of a biological system with time-delayed noise[J]. Eur. Phys. J. Plus., 2012, 127: 1-19.

[9] ENJIEU KADJI H G. Synchronization dynamics of nonlinear self-sustained oscillations with applications in physics, engineering and biology [C]. Ph. D. Dissertation of Physics, Institut de Mathématiques et de Sciences Physiques (I. M. S. P.), Porto-Novo, Universitéd, Abomey-Calavi, Benin, 2006.

[10] YAMAPI R, FILATRELLA G, AZIZ-ALAOUI M A, et al. Effective fokker-planck equation for birhythmic modified Van der Pol oscillator[J]. Chaos: An Interdisciplinary Journal of Nonlinear Science, 2012, 22(4): 043114.

[11] XU W, HE Q, FANG T, et al. Stochastic bifurcation in Duffing system subject to harmonic excitation and in presence of random noise[J]. Int. J. Non-Linear Mech, 2004, 39(9): 1473-1479.

[12] XU Y, GU R, ZHANG H, et al. Stochastic bifur- cations in a bistable Duffing-van der pol oscillator with colored noise[J]. Phys. Rev. E, 2011, 83(5): 056215.

[13] XU Y, JIN X, ZHANG H. Parallel logic gates in synthetic gene networks induced by non-Gaussian noise[J]. Phys. Rev. E, 2013, 88(5): 052721.

[14] SPEZIA S, CURCIO L, FIASCONARO A, et al. Evidence of stochastic resonance in the mating behavior of Nezara viridula(L.)[J]. Eur. Phys. J. B, 2008, 65: 453-458.

[15] REDDY D R, SEN A, JOHNSTON G L. Time delay induced death in coupled limit cycle oscillators[J]. Phys. Rev. Lett., 1998, 80: 5109-5112.

[16] REDDY D R, SEN A, JOHNSTON G L. Experimental evidence of time-delay-induced death in coupled limit-cycle oscillators[J]. Phys. Rev. Lett., 2000, 85(16): 3381-3384.

[17] GAUDREAULT M, DROLET F, VIÑALS J. Bifurcation threshold of the delayed Van der Pol oscillator under stochastic mod ulation [J]. Phys. Rev. E, 2012, 85(5): 056214.

[18] ZENG C, WANG H. Noise and large time delay: Accelerated catastrophic regime shifts in ecosystems[J]. Ecol. Model, 2012, 233: 52-58.

[19] BRAMBURGER J, DIONNE B, LEBLANC V G. Zero-Hopf bifur- cation in the Van der Pol oscillator with delayed position and velocity feedback [J]. Nonlinear Dyn., 2014, 78(4): 2959-2973.

[20] HOU A, GUO S. Stability and hopf Hifurcation in Van der Pol oscillators with state-dependent delayed feedback[J]. Nonlinear Dyn, 2015, 79(4): 2407-2419.

[21] KOTANI K, YAMAGUCHI I, OGAWA Y, et al. Adjoint method provides phase response functions for delay-induced oscillations[J]. Phys. Rev. Lett., 2012, 109(4): 044101-044105.

[22] SUN Y, XU J. Experiments and analysis for a controlled mechanical absorber considering delay effect[J]. J. Sound Vib, 2015, 339: 25-37.

[23] SNYDER S D, HANSEN C H. The influence of transducer transfer functions and acoustic time delays on the implemen- tation of the LMS algorithm in active noise control systems[J]. J. Sound Vib, 1990, 141(3): 409-424.

[24] CHAMGOUÉ A C, YAMAPI R, WOAFO P. Bifurcations in a birhythmic biological system with time-delayed noise[J]. Nonlinear Dyn, 2013, 73(4): 2157-2173.

[25] YANG T, ZHANG C, ZENG C, et al. Delay and noise induced regime shift and enhanced stability in gene expression dynamics[J]. J. Stat. Mech. Theory Exp., 2014(12): 12015.

[26] GARDINER C W. Handbook of stochastic methods[M]. Springer, Berlin, 2004.

[27] XU Y, LI Y, LIU D. A method to stochastic dynamical systems with strong nonlinearity and fractional damping[J]. Nonlinear Dyn, 2016, 83(4): 2311-2321.

[28] XU Y, LI Y, LIU D. Response of fractional oscillators with viscoelastic term under random excitation comput[J]. Nonlinear Dyn, 2014, 9(3): 031015.

[29] MEI D C, XIE C W, ZHANG L. Effects of cross correlation on the relaxation time of a bistable system driven by cross- correlated noise[J]. Phys. Rev. E, 2003, 68(5): 051102.

[30] YANG G, XU W, FENG J, et al. Response analysis of Rayleigh-Van der Pol vibroimpact system with inelastic impact under two parametric white-noise excitations[J]. Nonlinear Dyn, 2015, 82(4): 1-14.

[31] ZENG C, ZENG J, LIU F, et al. Impact of correlated noise in an energy depot model[J]. Sci. Rep., 2016, 6(1): 19591.

[32] DENARO G, VALENTI D, SPAGNOLO B, et al. Dynamics of two picophytoplankton groups in Mediterranean Sea: Analysis and prediction of the deep chlorophyll maximum by a stochastic reaction-diffusion-taxis model[J]. PLoS One, 2013, 8(6): e66765.

[33] DENARO G, VALENTI D, LA COGNATA A, et al. Spatio-temporal behaviour of the deep chlorophyll maximum in Mediterranean Sea: Development of a stochastic model for picophytoplankton dynamics[J]. Ecol. Complex, 2013, 13: 21-34.

[34] DUBKOV A A, SPAGNOLO B. Langevin approach to Lévy flights in fixed potentials: Exact results for stationary proba- bility distributions[J]. Acta Phys. Pol. B, 2007, 38: 1745-1758.

[35] GARDINER C W. Handbook of Stochastic Methods[M]. Springer, Berlin, 1985.

[36] GILLESPIE D T. Markov processes: An introduction for physical scientists[M]. Elsevier, Amsterdam: 1991.

[37] HÄNGGI P, MARCHESONI F, GRIGOLINI P. Bistable flow driven by coloured Gaussian noise: A critical study[J]. Zeitschrift für Physik B Condensed Matter, 1984, 56(4): 333-339.

[38] GUARDIA E, MARCHESONI F, SAN MIGUEL M. Escape times in systems with memory effects[J]. Phys. Lett. A, 1984, 100(1): 15-18.

[39] ARNOLD L. Random dynamical systems[M]. Springer, Berlin, 2013.

[40] GHOSH P, SEN S, RIAZ S S, et al. Controlling birhythmicity in a self-sustained oscillator by time-delayed feedback[J]. Phys. Rev. E, 2011, 83: 036205.

[41] KRAMERS H A. Brownian motion in a field of force and the diffusion model of chemical reactions [J]. Physica, 1940, 7: 284-304.

[42] HÄNGGI P, TALKNER P, BORKOVEC M. Reaction-rate theory: Fifty years after Kramers [J]. Rev. Mod. Phys., 1990, 62: 251-342.

[43] MANTEGNA R N, SPAGNOLO B. Experimental investigation of resonant activation[J]. Phys. Rev. Lett., 2000, 84(14): 3025-3028.

[44] DOERING C R, GADOUA J C. Resonant activation over a fluctuating barrier[J]. Phys. Rev. Lett., 1992, 69(16): 2318-2321.

第4章　基因表达系统中的随机延迟效应

生命具有独特精妙的基因表达和调控机制，保证了细胞 DNA 的复制、转录、翻译及各种代谢过程与环境的协调和平衡。这种由于环境因素或遗传因素或其相互作用产生的噪声，都可以导致基因突变的发生，也可能导致基因表达调控的失常，其结果便造成了某些与基因相关的人类疾病的发生。因此，本章节将讨论基因表达系统中的随机延迟效应现象。

4.1　miR-17-92 调控 Myc/E2F 基因表达模型

本章研究的 miR-17-92 调控 Myc/E2F 基因表达网络的抽象模型如图 4-1 所示，$\phi(\hat{t})$ 和 $\varphi(\hat{t})$ 可以表达为：

$$\frac{\mathrm{d}\phi}{\mathrm{d}\hat{t}}=\sigma+\left(\frac{k_1\varphi^2}{\Gamma_1+\Gamma_2\varphi+\phi^2}\right)-\rho\phi \tag{4-1}$$

$$\frac{\mathrm{d}\varphi}{\mathrm{d}\hat{t}}=\chi+k_2\phi-\theta\varphi \tag{4-2}$$

式中，$\phi(\hat{t})$ 和 $\varphi(\hat{t})$ 分别为蛋白质(Myc/E2F)和 miRNA 群簇；σ 为细胞外介质信号转导通路中构成的基本蛋白质分子；χ 为 φ 在转录时 ϕ 单独构成分子；k_1 为蛋白质模块的自动催化过程中的正反馈回路；Γ_2 为被 miRNAs 抑制的蛋白质。同时，蛋白质 ϕ 诱导 miRNAsφ 的转录，这个过程用 k_2 来表示；ρ 和 θ 分别为 ϕ 和 φ 的降解速率。

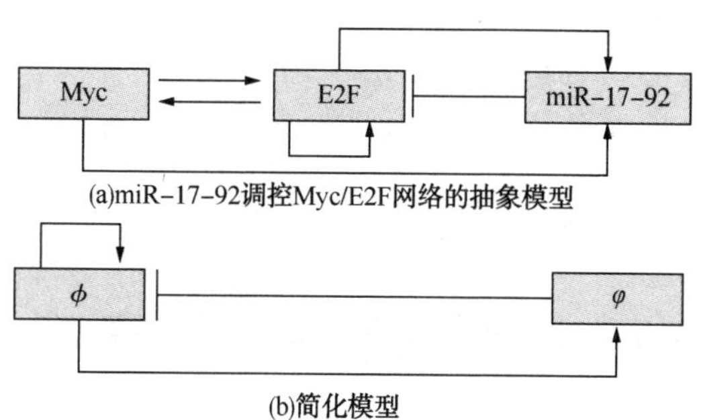

(a)miR-17-92调控Myc/E2F网络的抽象模型

(b)简化模型

图 4-1　miR-17-92、Myc/E2F 癌症网络中调节过程示意图

在大多数实际相关的情况下，在基因调控的状态网络中时间延迟对基因表达的过程有一定的影响。在实际过程中，在动力学中时间延迟起着很重要的作用。例如，时间延迟在介质振荡过程中，引入时间延迟到线性项会引起振荡行为。此时，线性项可为$\rho\phi_\tau$，其中ϕ_τ表示时间延迟变量$\Phi_\tau=\phi(\hat{t}-\tau)$。所以式(4-1)可以写为：

$$\frac{\mathrm{d}\phi}{\mathrm{d}\hat{t}}=\sigma+\left(\frac{k_1\phi^2}{\Gamma_1+\Gamma_2\varphi+\phi^2}\right)-\rho\phi_\tau \tag{4-3}$$

这里我们感兴趣的是在内外噪声的影响下由于Myc/E2F的存在肿瘤细胞转化为正常细胞的可能性。$\epsilon(\hat{t})$表示内噪声，由于蛋白质的生成，所以有$\sigma=\sigma+\epsilon(\hat{t})$。此外，考虑蛋白质降解过程中的波动变化，所以$\rho=\rho+\eta(\hat{t})$。将其代入朗之万式(4-3)中得到：

$$\frac{\mathrm{d}\phi}{\mathrm{d}\hat{t}}=\sigma+\left(\frac{k_1\phi^2}{\Gamma_1+\Gamma_2\varphi+\phi^2}\right)-[\rho+\eta(\hat{t})]\phi_\tau+\epsilon(\hat{t}) \tag{4-4}$$

噪声的统计性质：

$$\begin{gathered}\langle\epsilon(\hat{t})\rangle=\langle\eta(\hat{t})\rangle=0\\ \langle\epsilon(\hat{t})\epsilon(t')\rangle=2Q\delta(\hat{t}-t')\\ \langle\eta(\hat{t})\eta(t')\rangle=2D\delta(\hat{t}-t')\\ \langle\eta(\hat{t})\epsilon(t')\rangle=\langle\epsilon(\hat{t})\eta(t')\rangle=2\lambda\sqrt{DQ}\delta(\hat{t}-t')\end{gathered} \tag{4-5}$$

式中，Q和D分别为高斯白噪声$\epsilon(\hat{t})$和$\eta(\hat{t})$的强度；λ为噪声$\epsilon(\hat{t})$和$\eta(\hat{t})$的关联强度。

为了简单起见，通过文献可以将式(4-2)和式(4-4)写为：

$$\frac{\mathrm{d}x}{\mathrm{d}t}=\mu+\left(\frac{kx^2}{\gamma_1+\gamma_2\zeta+x^2}\right)-[1+\tilde{\eta}(t)]x_\tau+\tilde{\epsilon}(t) \tag{4-6}$$

$$\frac{\mathrm{d}\zeta}{\mathrm{d}t}=\varepsilon[1+x-\zeta] \tag{4-7}$$

这里无量纲变量和参数为：

$$x=\left(\frac{k_2}{\chi}\right)\phi,\ \zeta\left(\frac{\theta}{\chi}\right)\varphi,\ t=\theta\hat{t},\ \varepsilon=\frac{\theta}{\rho}$$

$$k=\frac{k_1k_2}{\chi\rho},\ \gamma_1=\left(\frac{k_2^2}{\chi^2}\right)\Gamma_1,\ \gamma_2=\left(\frac{k_2^2}{\chi^\theta}\right)\Gamma_2,\ \mu=\left(\frac{k_2}{\chi\rho}\right)\sigma$$

噪声$\tilde{\epsilon}(t)=k_2\epsilon(t/\theta)/(\chi\rho)$和$\tilde{\eta}(t)=\eta(t/\theta)/\rho$分别跟$\epsilon(\hat{t})$和$\eta(\hat{t})$的统计性质相同。

通常，miRNAs$\zeta(t)$降低得要比蛋白质$x(t)$迅速，也就是说$\varepsilon\ll1.0$，我们考

虑用一个单一方程来描述蛋白质动力学性质。也就是说，ζ 来自 $d\zeta/dt=0$，代入式(4-6)：

$$\frac{dx}{dt}=\mu+\left(\frac{kx^2}{\gamma_1+\gamma_2+\gamma_2x+x^2}\right)-x_\tau-x_\tau\widetilde{\eta}(t)+\widetilde{\epsilon}(t) \tag{4-8}$$

即，变化太快可以被认为是平衡的，这些变化较慢的量才会引起动力学系统的一些变化。式(4-8)没有时间延迟时的确定势为：

$$V(x)=-(\mu+k)x+\frac{x^2}{2}+\frac{k\gamma_2}{2}\ln(\gamma_1+\gamma_2+\gamma_2x+x^2)+$$
$$\frac{k(2\gamma_1+2\gamma_2-\gamma_2^2)}{\sqrt{4(\gamma_1+\gamma_2)-\gamma_2^2}}\arctan\left(\frac{2x+\gamma_2}{\sqrt{4(\gamma_1+\gamma_2)-\gamma_2^2}}\right) \tag{4-9}$$

存在两个稳定态：

$$x_1=\frac{1}{3}\left[a_1-\sqrt{S}\left(\cos\frac{\theta}{3}+\sqrt{3}\sin\frac{\theta}{3}\right)\right]\text{（低浓度态）}$$

$$x_2=\frac{1}{3}\left(a_1+2\sqrt{S}\cos\frac{\theta}{3}\right)\text{（高浓度态）}$$

和一个不稳定态：

$$x_\mu=\frac{1}{3}\left[a_1-\sqrt{S}\left(\cos\frac{\theta}{3}-\sqrt{3}\sin\frac{\theta}{3}\right)\right] \tag{4-10}$$

这里 $a_1=k+\mu-\gamma_2$，$a_2=\mu\gamma_2-(\gamma_1+\gamma_2)$，$a_3=\mu(\gamma_1+\gamma_2)$，$S=a_1^2+3a_2$，$E=a_1a_2+9a_3$ 和 $\theta=\arccos[(2a_1S+3E)/2S^{3/2}]$。

4.2 噪声和延迟对概率分布的影响

现在，我们来讨论噪声和时间延迟对 SPD 的影响。根据以上对 $\epsilon(t)$ 和 $\eta(t)$ 的定义，式(4-7)可以写为：

$$\frac{dx}{dt}=f_{\text{eff}}(x)+g_{\text{eff}}(x)\eta(t)+\epsilon(t) \tag{4-11}$$

在式(4-11)中，下标 eff 代表"有效"的意思，方程(4-11)中的 g_{eff} 和 f_{eff} 定义为：

$$f_{\text{eff}}(x)=\int_{-\infty}^{+\infty}\left[\mu+\frac{kx^2}{\gamma_1+\gamma_2+\gamma_2x+x^2}-x_\tau\right]P_1(x_\tau,\ t-\tau\mid x,\ t)\,dx_\tau$$
$$g_{\text{eff}}(x)=\int_{-\infty}^{+\infty}(-x_\tau)P_2(x_\tau,\ t-\tau\mid x,\ t)\,dx_\tau \tag{4-12}$$

式中，$P_{1,2}(x_\tau,\ t-\tau\mid x,\ t)\,dx_\tau$ 为 $x(t)$ 随机情况下的概率密度，其计算表达式如下：

$$P_1(x_\tau,\ t-\tau \mid x,\ t)\mathrm{d}x_\tau = \sqrt{\frac{1}{2\pi G(x)\tau}}\exp\left\{-\frac{[x_\tau - x - f(x)\tau]^2}{2G(x)\tau}\right\}$$
$$P_2(x_\tau,\ t-\tau \mid x,\ t)\mathrm{d}x_\tau = \sqrt{\frac{1}{2\pi G(x)\tau}}\exp\left\{-\frac{[x_\tau - x - g(x)\tau]^2}{2G(x)\tau}\right\} \tag{4-13}$$

其中$f(x)=\mu+\left(\frac{kx^2}{\gamma_1+\gamma_2+\gamma_2 x+x^2}\right)-x$，$g(x)=-x$，$G(x)=Dg(x)^2+2\lambda\sqrt{DQ}g(x)+Q$。

将式(4-13)代入式(4-12)中，得到：

$$f_{\mathrm{eff}}(x)=(1-\tau)\left[\mu+\frac{kx^2}{(\gamma_1+\gamma_2+\gamma_2 x+x^2)}-x\right]$$
$$g_{\mathrm{eff}}=-(1-\tau)x \tag{4-14}$$

让$P(x,\ t)$代表动态蛋白质浓度x在t时刻的概率密度函数。因此对应式(4-8)，$P(x,\ t)$的延迟福克-普朗克方程可以写为：

$$\frac{\partial P(x,\ t)}{\partial t}=-\frac{\partial}{\partial x}A(x)P(x,\ t)+\frac{\partial^2}{\partial x^2}B(x)P(x,\ t) \tag{4-15}$$

其中：

$$A(x)=(1-\tau)\left[\mu+\left(\frac{kx^2}{\gamma_1+\gamma_2+\gamma_2 x+x^2}\right)-x\right]+D(1-\tau)^2x-\lambda\sqrt{DQ}(1-\tau)$$
$$B(x)=D(1-\tau)^2x^2-2\lambda\sqrt{DQ}(1-\tau)x+Q \tag{4-16}$$

通过式(4-15)和式(4-16)，定态概率分布(SPD)$P_{\mathrm{st}}(x,\ t)$为：

$$P_{\mathrm{st}}(x,\ t)=\frac{N}{B^{\frac{1}{2}}(x)}\exp\left[-\frac{U(x,\ t)}{D}\right] \tag{4-17}$$

式中，N为归一化常数；$U(x,\ t)$为有效势，且能表示为：

$$U(x,\ t)=-D\int^x\frac{(1-\tau)[\mu+kx'^2/(\gamma_1+\gamma_2+\gamma_2 x'+x'^2)-x']}{D(1-\tau)^2x'^2-2\lambda\sqrt{DQ}(1-\tau)x'+Q}\mathrm{d}x' \tag{4-18}$$

对式(4-18)进行积分得到：

$$U(x,\ t)=\frac{1}{2}[(1-\tau)^{-1}+\beta_2]\ln|(1-\tau)^2x^2-2\lambda\sqrt{Q/D}|(1-\tau)+Q/D-$$
$$\frac{\beta_2}{2}\ln|\gamma_1+\gamma_2+\gamma_2 x+x^2|+\beta_3\arctan\frac{(1-\tau)x-\lambda\sqrt{Q/D}}{\sqrt{Q(1-\lambda^2)/D}}+ \tag{4-19}$$
$$\frac{\gamma_2\beta_2-2\beta_1}{\sqrt{4(\gamma_1+\gamma_2)-\gamma_2^2}}\arctan\frac{2x+\gamma_2}{\sqrt{4(\gamma_1+\gamma_2)-\gamma_2{}^2}}$$

其中：

$$\beta=[\gamma_2 Q/D+2\lambda\sqrt{Q/D}(1-\tau)(\gamma_1+\gamma_2)][-2\lambda\sqrt{Q/D}(1-\tau)-(1-\tau)^2\gamma_2]$$

$$\beta_1=\frac{(1-\tau)k[Q/D-(1-\tau)^2(\gamma_1+\gamma_2)](\gamma_1+\gamma_2)}{\beta-[Q/D-(1-\tau)^2(\gamma_1+\gamma_2)]^2}$$

$$\beta_2=\frac{Q\gamma_2/D+2\lambda\sqrt{Q/D}(1-\tau)(\gamma_1+\gamma_2)}{[Q/D-(1-\tau)^2(\gamma_1+\gamma_2)](\gamma_1+\gamma_2)}\beta_1 \tag{4-20}$$

$$\beta_3=\frac{\lambda\sqrt{Q/D}[(1-\tau)\beta_2+1]+Q\beta_1/[D(\gamma_1+\gamma_2)]-(1-\tau)\mu}{(1-\tau)\sqrt{Q(1-\lambda^2)/D}}$$

根据朗之万方程(4-8)进行数值模拟和从方程(4-17)进行理论解析，研究不同时间延迟 τ 和不同关联强度 λ 对蛋白质浓度 $x(t)$ 的时间序列和 SPD 的影响变化，如图 4-2 和图 4-3 所示。由图 4-2(a)可以看出，SPD 作为 x 的函数存在两个峰值，一个是低浓度态(OFF 态)(x_1)，另一个是高浓度态(ON 态)(x_2)。当 τ 增大时，两个峰值都降低，但是高浓度态(ON 态)变宽。这将引起高浓度态的概率增大，相应的蛋白质处于高浓度态。因此，时间延迟可以促使基因开关从 OFF 态切到 ON 态，换句话说，时间延迟增强了 ON 态。在图 4-2(b)中，当 $\lambda=-0.9$ 时，只存在一个峰值在 OFF 态。随着 λ 值的增加到 0.0，SPD 出现了一个新的峰值 ON 态，即此时为两个峰值。当 $\lambda=0.9$ 时，在 OFF 态的峰值降低；相反，ON 态的峰值变高。综上所述，关联强度可以诱导基因的切换现象从 OFF 态到 ON 态。换言之，关联噪声强度可以作为基因网络开关切换中的一个控制参数。

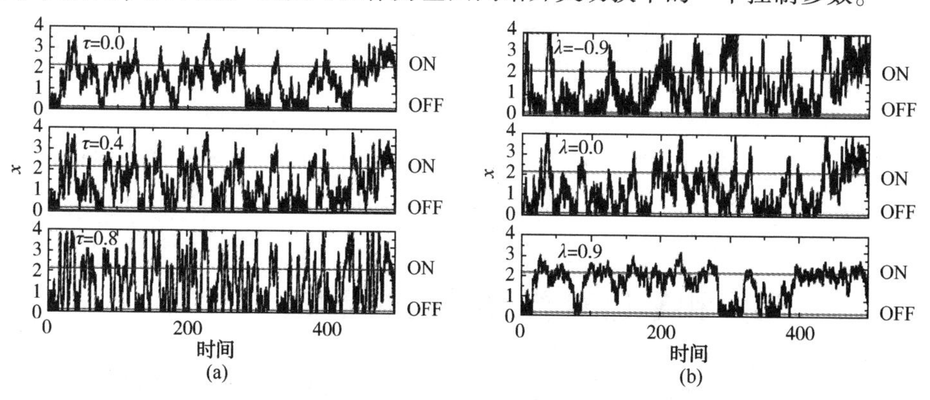

图 4-2 蛋白质浓度 $x(t)$ 在不同时间延迟 τ 影响下的时间序列变化[(a)$\lambda=0.5$]，在不同关联强度 λ 影响下的时间序列变化[(b)$\tau=0.1$]。其他参数：$\mu=0.1$，$k=5.0$，$\gamma_1=1.0$，$\gamma_2=1.8$，$Q=0.1$

平均蛋白质浓度 $\langle x\rangle_{st}$ 作为噪声强度函数时的变化情况如图 4-4 所示。这里，$\langle x\rangle_{st}$ 被定义为 $\langle x\rangle_{st}=\int_0^\infty xP_{st}(x)\mathrm{d}x$。可知：随着 D 的增大，存在一个极大值。也就是说，$\langle x\rangle_{st}$ 先增大后减小[图 4-4(a)]。由图 4-4(b)可知：随着 Q 的增大，

$\langle x \rangle_{st}$一直增大，所以它们被看作开关切换过程中的控制参量。同时，随着τ的增大，$\langle x \rangle_{st}$作为噪声强度的函数也在增大。

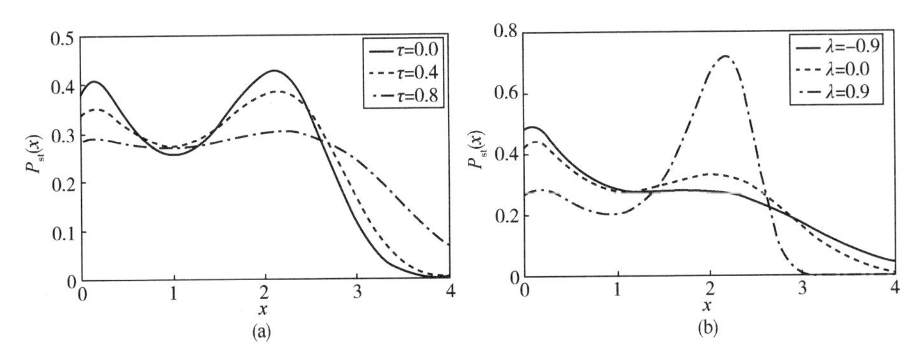

图 4-3　SPD 作为蛋白质浓度$x(t)$的函数，随不同时间延迟τ的变化情况[(a)$\lambda=0.5$]，随不同关联强度λ变化的情况[(b)$\tau=0.1$]。其他参数为：$\mu=0.1$，$k=5.0$，$\gamma_1=1.0$，$\gamma_2=1.8$，$Q=0.1$

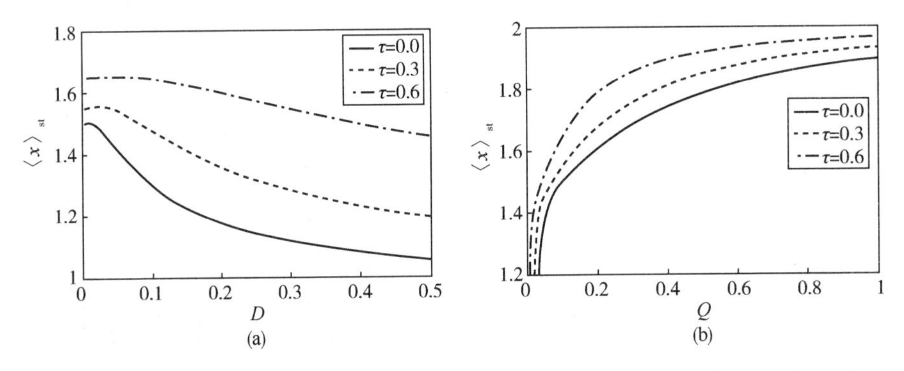

图 4-4　分别作为噪声强度D[(a)$Q=0.1$]和Q[(b)$D=0.01$]的函数，在不同时间延迟τ下的变化情况。其他参数：$\mu=0.1$，$k=5.0$，$\gamma_1=1.0$，$\gamma_2=1.8$，$\lambda=0.5$

4.3　噪声和延迟对首通时间的影响

在这一部分，我们感兴趣的是在时间延迟和外部随机扰动下 miR-17-92 调控 Myc/E2F 基因表达网络系统中两个稳定态之间的切换现象。时间延迟和外部随机扰动可以诱导两稳态的相互转化，我们主要研究两态转化的时间，这个时间就是平均首通时间(MFPT)。Fox 已经提出了一个简单且正确的近似方法来计算 MFPT，可以将这个方法用到我们研究的这个模型中。求解 MFPT[$T(x)$]的微分方程如下：

$$A(x)\frac{\partial}{\partial x}T(x)+B(x)\frac{\partial^2}{\partial x^2}T(x)=-1 \tag{4-21}$$

边界条件：

$$\frac{\mathrm{d}T(x)}{\mathrm{d}x}\mid_{x=x_1}=0,\ T(x)\mid_{x=x_2}=0 \tag{4-22}$$

这对应于一个反射边界$x=x_2$和一个吸收边界$x=x_1$，在初始条件$x(t=0)=x_2$（高浓度态）的情况下，反应过程$x(t)$到达低浓度态x_1的MFPT为：

$$T_{x_2-x_1}\approx\frac{2\pi}{\sqrt{|V''(x_u)V''(x_2)|}}\exp\left[\frac{U(x_u,\ t)-U(x_2,\ t)}{D}\right] \tag{4-23}$$

这里V''是V关于x的二阶导，其中$V(x)$和$U(x,\ t)$的表达式已经分别在式(4-9)和式(4-19)中给出了。

根据式(4-23)作出图4-5，图中给出了时间延迟τ对MFPT的影响。可知：随着D或Q增大，MFPT存在一个极大值，这表明有一个近似的噪声强度D或Q能够使MFPT存在一个极大值。MFPT作为D或Q的函数的极大值是噪声增强了高浓度态(ON态)稳定性(NES)。MFPT的极大值表明τ增强或者削弱高浓度态的稳定性。随着τ值的增大，MFPT作为D的函数的极大值在减小[图4-5(a)]，然而，当MFPT作为Q的函数时，情况却相反，极大值在增大[图4-5(b)]。换句话说，在MFPT作为D的函数时，时间延迟削弱了ON态的稳定性；相反在MFPT作为Q的函数时，增强了ON态的稳定性；同时，MFPT存在极大值的现象也说明，我们研究的参量会诱导基因的开关切换（“开”→“关”→“开”）。

图4-6所示为两噪声的不同的关联强度λ对MFPT的影响。随着D[图4-6(a)]或Q[图4-6(b)]的增大，MFPT出现了一个极大值。也就是说，不仅出现了NES现象，也存在基因的开关切换现象。随着正关联强度λ的增大，MFPT的极大值也在增大。换句话说，正关联强度λ可以增强ON态的稳定性。

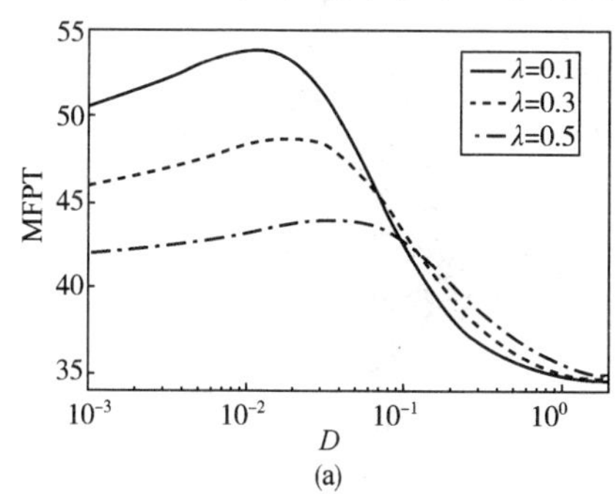

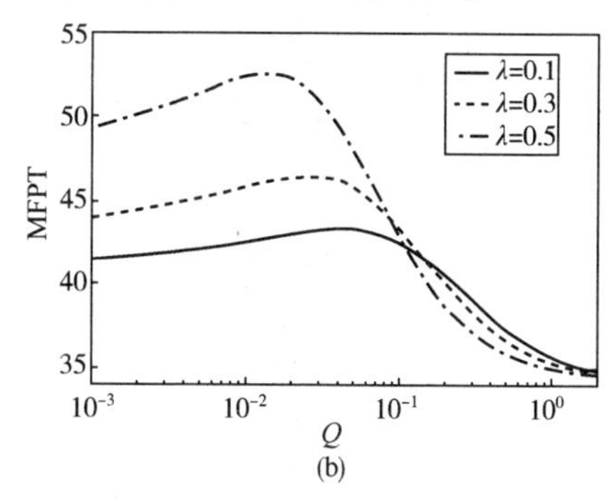

图4-5 MFPT分别作为乘性噪声强度D[(a)$Q=0.1$]和加性噪声Q[(b)$D=0.1$]的函数，随不同时间延迟τ的变化情况。其他参数为：$\mu=0.1$，$k=5.0$，$\gamma_1=1.0$，$\gamma_2=1.8$，$\lambda=0.5$

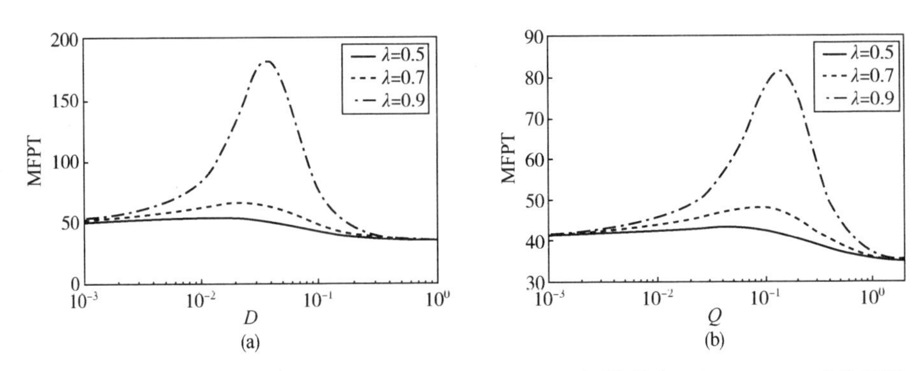

图 4-6 MFPT 分别作为乘性噪声强度 D[(a)$Q=0.1$]和加性噪声 Q[(b)$D=0.1$]的函数，随不同关联强度 λ 的变化情况。其他参数为：$\mu=0.1$，$k=5.0$，$\gamma_1=1.0$，$\gamma_2=1.8$，$\tau=0.1$

对于以上讨论的现象，用势来进行直观的解释(图 4-7)。噪声和时间延迟诱导两个态之间的跃迁可通过势来解释。在 miR-17-92 调控 Myc/E2F 基因表达网络系统中，有效势存在两个稳定态，极小值是从 $F(x)-G'(x)=0$ 得到的。势的极小值位置是 x_1 和 x_2，也被称为势阱，从图 4-7 中可以看出，它们分别代表蛋白质的低浓度态和高浓度态。然而，$U(x)$ 的极大值对应了 x_u，也就是势垒。有效势是一个非对称双稳势，随着时间延迟和噪声的改变，它在 x_1 和 x_2 的值也会变。因此，在这里定义左势阱深度为 $d_l=U(x_u)-U(x_1)$，右势阱的深度为 $d_r=U(x_u)-U(x_2)$。由图 4-7(a)可知：随着 λ 的增大，右侧的势阱深度增大，左侧的势阱深度减小。然而，当 λ 的值确定时[图 4-7(b)]，随着时间延迟 τ 的增大，两个势阱深度均在减小。此时，在靠近右势阱处 $U(x)$ 的值增大得更快一些。也就是说，随着 λ 或者 τ 的增大，该系统的稳态更容易转向右势阱(x_2)。因此，两个噪声之间的正关联和时间延迟 τ 可以加速低浓度态向高浓度态转化跃迁。

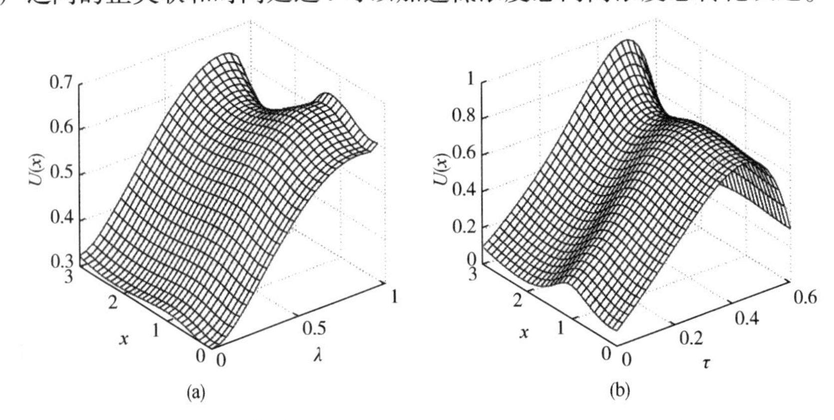

图 4-7 有效势 $U(x)$ 分别作为 x 和关联强度 λ[(a)$\tau=0.3$]及时间延迟[(b)$\lambda=0.95$]的函数。其他参数为：$\mu=0.1$，$k=5.0$，$\gamma_1=1.0$，$\gamma_2=1.8$，$D=0.2$，$Q=0.3$

4.4 噪声和延迟对随机共振的影响

前面已经论述，噪声与延迟协同作用对 miR-17-92 调控 Myc/E2F 网络系统的动力学性质的影响，但对该系统中随机共振的影响还未研究。因此，本节将研究 miR-17-92 调控 Myc/E2F 网络系统中的随机共振现象。在周期性条件影响下，miR-17-92 调控 Myc/E2F 网络系统受到一个周期信号的扰动，假设这个信号为 $\widetilde{A}\cos\omega t$。模型(4-3)将被修改为下面的模型：

$$\frac{\mathrm{d}x}{\mathrm{d}t}=\mu+\left(\frac{kx^2}{\gamma_1+\gamma_2+\gamma_2x+x^2}\right)-x_\tau-x_\tau\widetilde{\eta}(t)+\widetilde{\epsilon}(t)+\widetilde{A}\cos\omega t \tag{4-24}$$

式中，$\eta(t)$ 和 $\epsilon(t)$ 均为高斯白噪声，其统计性质满足式(4-5)；A 为输入信号的振幅；ω 为输入信号的频率。

根据 $\epsilon(t)$ 和 $\eta(t)$ 的定义，式(4-24)对应的朗之万方程为：

$$\frac{\mathrm{d}x}{\mathrm{d}t}=f_{\mathrm{eff}}(x)+g_{\mathrm{eff}}(x)\eta(t)+\epsilon(t) \tag{4-25}$$

在式(4-25)中，下标 eff 代表“有效”的意思，式(4-25)中的 $f_{\mathrm{eff}}(x)$ 和 $g_{\mathrm{eff}}(x)$ 定义为：

$$\begin{aligned} f_{\mathrm{eff}}(x) &= \int_{-\infty}^{+\infty}\left[\mu+\frac{kx^2}{\gamma_1+\gamma_2+\gamma_2x+x^2}-x_\tau\right]P_1(x_\tau,\ t-\tau \mid x,\ t)\,\mathrm{d}x_\tau \\ g_{\mathrm{eff}}(x) &= \int_{-\infty}^{+\infty}(-x_\tau)P_2(x_\tau,\ t-\tau \mid x,\ t)\,\mathrm{d}x_\tau \end{aligned} \tag{4-26}$$

式中，$P_{1,2}(x_\tau,\ t-\tau \mid x,\ t)\,\mathrm{d}x_\tau$ 为 $x(t)$ 随机情况下的概率密度，其计算表达式如下：

$$\begin{aligned} P_1(x_\tau,\ t-\tau \mid x,\ t)\,\mathrm{d}x_\tau &= \sqrt{\frac{1}{2\pi G(x)\tau}}\exp\left\{-\frac{[x_\tau-x-f(x)\tau]^2}{2G(x)\tau}\right\} \\ P_2(x_\tau,\ t-\tau \mid x,\ t)\,\mathrm{d}x_\tau &= \sqrt{\frac{1}{2\pi G(x)\tau}}\exp\left\{-\frac{[x_\tau-x-g(x)\tau]^2}{2G(x)\tau}\right\} \end{aligned} \tag{4-27}$$

并且

$$f(x)=\mu+\left(\frac{kx^2}{\gamma_1+\gamma_2+\gamma_2x+x^2}\right)-x+\widetilde{A}\cos\omega t,\quad g(x)=-x,$$

$$G(x)=Dg(x)^2+2\lambda\sqrt{DQ}\,g(x)+Q$$

将式(4-27)代入式(4-26)中，计算出：

$$f_{\mathrm{eff}}(x)=(1-\tau)\left[\mu+\left(\frac{kx^2}{\gamma_1+\gamma_2+\gamma_2x+x^2}\right)-x+\widetilde{A}\cos\omega t\right]$$

$$g_{\mathrm{eff}}(x)=-(1-\tau)x \tag{4-28}$$

将 $P(x,\ t)$ 定义为在时间 t 时，蛋白质的概率密度。对应式(4-24)的 $P(x,\ t)$ 的福克-普朗克方程如下：

$$\frac{\partial P(x,\ t)}{\partial t}=-\frac{\partial}{\partial x}F(x)P(x,\ t)+\frac{\partial^2}{\partial x^2}G(x)P(x,\ t) \tag{4-29}$$

其中：

$$F(x)=(1-\tau)\left[\mu+\left(\frac{kx^2}{\gamma_1+\gamma_2+\gamma_2x+x^2}\right)-x+\widetilde{A}\cos\omega t\right]+$$

$$D(1-\tau)^2x-\lambda\sqrt{DQ}(1-\tau)$$

$$G(x)=D(1-\tau)^2x^2-2\lambda\sqrt{DQ}(1-\tau)x+Q \tag{4-30}$$

由于 ω 非常小，在周期时间内，将有足够的时间使系统达到局域平衡状态。在绝热近似下，miR-17-92 调控的基因网络系统的准定态概率分布函数 SPD 为：

$$P_{\mathrm{st}}(x,\ t)=\frac{N}{G^{\frac{1}{2}}(x)}\exp\left[-\frac{U(x,\ t)}{D}\right] \tag{4-31}$$

式中，N 为归一化常数；$U(x,\ t)$ 为有效势函数，且能表示为：

$$U(x,\ t)=-D\int^x\frac{(1-\tau)[\mu+kx'^2/(\gamma_1+\gamma_2+\gamma_2x'+x'^2)-x'+\widetilde{A}\cos\omega t]}{D(1-\tau)^2x'^2-2\lambda\sqrt{DQ}(1-\tau)x'+Q}\mathrm{d}x' \tag{4-32}$$

对式(4-32)进行积分，可以得到：

$$\begin{aligned}U(x,\ t)=&\frac{1}{2}[(1-\tau)^{-1}+\beta_2]\ln|(1-\tau)^2x^2-2\lambda\sqrt{Q/D}(1-\tau)x+Q/D|-\\&\frac{\beta_2}{2}\ln|x^2+\gamma_2x+\gamma_2+\gamma_1|+\beta_3\arctan\frac{(1-\tau)x-\lambda\sqrt{Q/D}}{\sqrt{Q(1-\lambda^2)/D}}+\\&\frac{\gamma_2\beta_2-2\beta_1}{\sqrt{4(\gamma_2+\gamma_1)-\gamma_2^{\ 2}}}\arctan\frac{2x+\gamma_2}{\sqrt{4(\gamma_2+\gamma_1)-\gamma_2^{\ 2}}}-\\&\frac{\widetilde{A}\cos\omega t}{\sqrt{Q(1-\lambda^2)/D}}\arctan\frac{(1-\tau)x-\lambda\sqrt{Q/D}}{\sqrt{Q(1-\lambda^2)/D}}\end{aligned} \tag{4-33}$$

其中：

$$\beta=[\gamma_2 Q/D+2\lambda\sqrt{Q/D}(1-\tau)(\gamma_1+\gamma_2)][-2\lambda\sqrt{Q/D}(1-\tau)-(1-\tau)^2\gamma_2]$$

$$\beta_1=\frac{(1-\tau)k[Q/D-(1-\tau)^2(\gamma_1+\gamma_2)](\gamma_1+\gamma_2)}{\beta-[Q/D-(1-\tau)^2(\gamma_1+\gamma_2)]^2}$$

$$\beta_2=\frac{Q\gamma_2/D+2\lambda\sqrt{Q/D}(1-\tau)(\gamma_1+\gamma_2)}{[Q/D-(1-\tau)^2(\gamma_1+\gamma_2)](\gamma_1+\gamma_2)}\beta_1 \tag{4-34}$$

$$\beta_3=\frac{\lambda\sqrt{Q/D}[(1-\tau)\beta_2+1]+Q\beta_1/[D(\gamma_1+\gamma_2)]-(1-\tau)\mu}{(1-\tau)\sqrt{Q(1-\lambda^2)/D}}$$

为了研究 miR-17-92 调控 Myc/E2F 基因表达网络系统的随机共振现象，需要得到该系统的信噪比。首先，在噪声强度 D 和 Q 非常小的情况下，使用最陡下降法，该系统从态 $X_{1,2}$ 到态 $X_{2,1}$ 的平均首通时间具有以下形式：

$$T_{x_1-x_2}=T_1=\frac{2\pi}{\sqrt{|V''(x_u)V''(x_1)|}}\exp\left[\frac{U(x_u,\ t)-U(x_1,\ t)}{D}\right]$$
$$T_{x_2-x_1}=T_2=\frac{2\pi}{\sqrt{|V''(x_u)V''(x_2)|}}\exp\left[\frac{U(x_u,\ t)-U(x_2,\ t)}{D}\right] \tag{4-35}$$

因此，系统的转换率 $W_{1,2}=T_{1,2}^{-1}$ 的表达式：

$$W_{x_1-x_2}=W_1=\frac{\sqrt{|V''(x_u)V''(x_1)|}}{2\pi}\exp\left[\frac{U(x_1,\ t)-U(x_u,\ t)}{D}\right]$$
$$W_{x_2-x_1}=W_2=\frac{\sqrt{|V''(x_u)V''(x_2)|}}{2\pi}\exp\left[\frac{U(x_2,\ t)-U(x_u,\ t)}{D}\right] \tag{4-36}$$

式中，V'' 为 V 关于 x 求二阶导。$V(x)$ 和 $U(x,\ t)$ 的表达式已经分别在式(4-9)和式(4-19)中给出。

我们考虑系统动态变量 x 的可能值为 x_1 与 x_2，假设它们的概率分别为 n_1 和 n_2，且满足 $n_1+n_2=1$。则该情况下的主方程为：

$$\frac{dn_1}{dt}=-\frac{dn_2}{dt}=W_2(t)n_2(t)-W_1(t)n_1(t)=W_2(t)-[W_2(t)+W_1(t)]n_1(t) \tag{4-37}$$

式中，$W_{1,2}(t)$ 为从态 $X_{1,2}$ 脱离的转化率。在信号振幅足够小($A\leqslant1$)的情况下，转化率 $W_{1,2}(t)$ 可以在 A 的一阶处展开为：

$$W_1(t)=\mu_1(t)-\nu_1\widetilde{A}\cos\omega t,\ W_2(t)=\mu_2(t)-\nu_2\widetilde{A}\cos\omega t \tag{4-38}$$

其中

$$\mu_1=W_1\Big|_{S(t)=0},\ \nu_1=-\frac{dW_1}{dS(t)}\Big|_{S(t)=0},\ S(t)=\widetilde{A}\cos\omega t,$$

$$\mu_2 = W_2 \Big|_{S(t)=0}, \quad \nu_2 = -\frac{dW_2}{dS(t)} \Big|_{S(t)=0} \tag{4-39}$$

因此，根据信噪比的定义，其标准形式为：

$$\mathrm{SNR} = \frac{\widetilde{A}^2 \pi\ (\nu_2\mu_1 + \nu_1\mu_2)^2}{4\pi\mu_1\mu_2(\mu_1 + \mu_2)} \tag{4-40}$$

根据 SNR 的表达式(4-40)进行数值分析。关联强度 λ 以及时间延迟 τ 对 SNR 的影响如图 4-8～图 4-10 所示。

SNR 作为内噪声强度 Q 或外噪声强度 D 的函数分别在不同关联强度 λ 和不同时间延迟 τ 影响下的图像变化情况(见图 4-8、图 4-9)。由图 4-8(a)可以看出，当关联强度 $\lambda=0.7$ 时，SNR 单调递减，然而当随着 λ 的增大，SNR 不仅出现了一个极大值，而且还出现一个极小值。当 SNR 作为 Q 的函数存在一个极大值和极小值时，则是出现了随机共振现象和随机反共振现象。随着 λ 的值在增大，SNR 的极大值在增大而极小值在减小。也就是说，两个噪声之间的正关联强度可以增加随机共振，削弱随机反共振现象。由图 4-8(b)可知，$\tau=0.1$ 时，SNR 单调递减，当 τ 增大到 0.3 时，SNR 也不仅出现了一个极大值而且还出现一个极小值。随着 τ 的值增大，SNR 的极大值也在增大而极小值也在减小。也就是说，两个时间延迟可以增加随机共振，削弱随机反共振现象。图 4-9(a)所示为 SNR 作为外噪声 D 的函数时正关联强度 λ 对其的影响，只出现一个极大值。随着 λ 的值增大，SNR 的极大值也在增大。也就是说，正关联强度增强了随机共振现象。图 4-9(b)所示为不同时间延迟对 SNR 的影响。可以看出：当 $\tau=0.1$ 时，存在一个极大值，而且随着 τ 的增大，极大值在减小。换句话说，时间延迟削弱了随机共振现象。

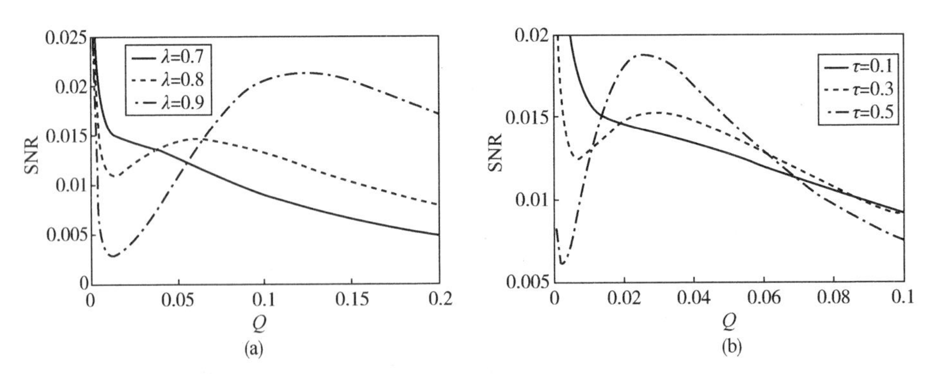

图 4-8　SNR 作为加性噪声强度 Q 和关联强度 λ[(a) $\tau=0.1$]及时间延迟 τ[(b) $\lambda=0.7$]的函数。其他参数为：$\mu=0.1$，$k=5.0$，$\gamma_1=1.0$，$\gamma_2=1.8$，$D=0.2$，$A=0.01$

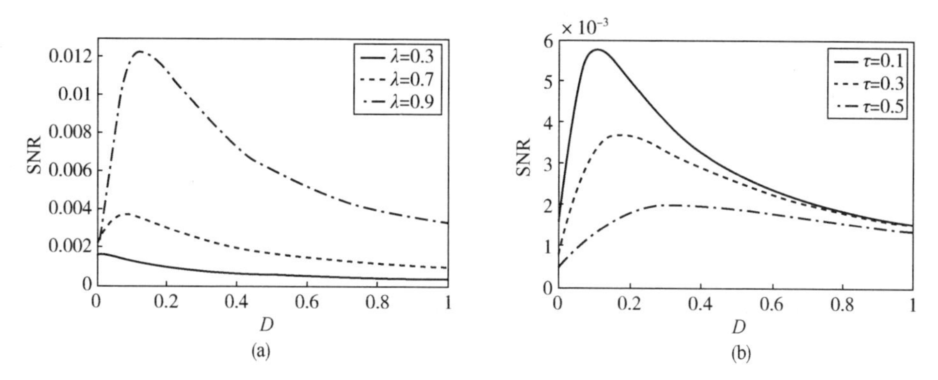

图 4-9　SNR 作为乘性噪声强度 D 和关联强度 λ[(a) $\tau=0.1$]及时间延迟 τ[(b) $\lambda=0.8$]的函数。其他参数为：$\mu=0.1$，$k=5.0$，$\gamma_1=1.0$，$\gamma_2=1.8$，$Q=0.3$，$A=0.01$

图 4-10 所示为 SNR 作为关联强度 λ 的函数在不同时间延迟 τ 影响下的变化情况。这时存在一个极大值，随着 τ 的增大，SNR 的极大值在减小，然而当 τ 增大到 0.5 时，极大值消失。因此，时间延迟不仅削弱了随机共振现象，而且使随机共振现象消失。

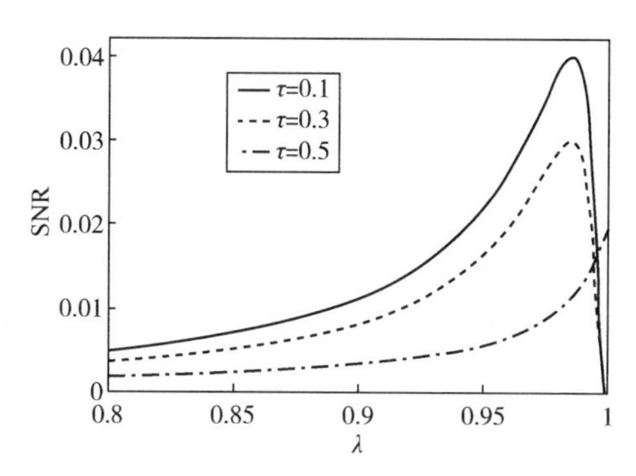

图 4-10　SNR 作为关联强度 λ 和时间延迟 τ 的函数。其他参数为：$\mu=0.1$，$k=5.0$，$\gamma_1=1.0$，$\gamma_2=1.8$，$D=0.2$，$Q=0.3$，$A=0.01$

4.5　本章小结

本章研究了时间延迟和关联噪声协同作用下 miR-17-92 调控 Myc/E2F 基因表达网络系统，讨论了系统的稳态和瞬态性质及随机共振现象。确定性方程(4-8)的确定势函数有两个稳定态，分别是低浓度态和高浓度态。结果显示：时间延迟使蛋白质往高浓度态跃迁。关联噪声强度诱导低浓度态到高浓度态的跃迁。关联噪声强度可以作为基因开关切换中的一个控制参数。

接下来定量分析了噪声参数和时间延迟对两稳定态之间跃迁的平均首通时间(MFPT)的影响。MFPT 作为噪声强度(D 或 Q)的函数存在极大值，这个极大值预示了存在一个近似的噪声强度能使 MFPT 有极大值。MFPT 的极大值不仅代表噪声增强高浓度态的稳定性的现象，而且正是由于 MFPT 不是单调的，且出现了极大值，使得蛋白质浓度发生开关的切换。更进一步的研究表明，时间延迟或者关联噪声强度也能够增强高浓度态的稳定性。

最后，SNR 随 Q 的变化不仅存在一个极大值，还有一个极小值。然而，随 D 的变化只存在一个极大值。这里的极大值和极小值分别是随机共振和随机反共振现象。当 SNR 随 Q 变化时，两个噪声之间的正 λ 和 τ 都增强了随机共振，消弱随机反共振现象。当 SNR 作为 Q 的函数变化时，出现一个极大值。正关联强度增强了随机共振现象，然而时间延迟却削弱了随机共振现象。不过，当 SNR 作为 λ 的函数时，在不同时间延迟的影响下存在一个极大值，但随着 τ 的增大，极大值消失了，因此时间延迟不仅削弱了随机共振现象，且使随机共振现象消失。

参 考 文 献

[1] AGUDA B D, KIM Y, PIPER-HUNTER M G, et al. MicroRNA regulation of a cancer network: Consequences of the feedback loops involving miR-17-92, E2F, and Myc[J]. Proc. Natl. Acad. Sci, 2008, 105(50): 19678-19683.

[2] LI Y, LI Y, ZHANG H, et al. MicroRNA-mediated positive feedback loop and optimized bistable switch in a cancer network involving miR-17-92[J]. PLoS ONE, 2011, 6(10): e26302.

[3] ZHANG H, CHEN Y, CHEN Y. Noise propagation in gene regulation networks involving interlinked positive and negative feedback loops[J]. PLoS ONE, 2012, 7(12): e51840.

[4] LAFUERZA L F, TORAL R. Exact solution of a stochastic protein dynamics model with delayed degradation[J]. Phys. Rev. E, 2011, 84(5 Pt 1): 051121.

[5] MIEKISZ J, POLESZCZUK J, BODNAR M, et al. Stochastic models of gene expression with delayed degradation[J]. Bull. Math. Biol., 2011, 73(9): 2231.

[6] NIE L N, MEI D C. Effects of time delay on the bistable system subjected to correlated noises[J]. Chin. Phys. Lett., 2007, 24(11): 3074-3076.

[7] ZENG C H, ZENG C P, GONG A L, et al. Effect of time delay in FitzHugh-Nagumo neural model with correlations between multiplicative and additive noises[J]. Physica A, 2010, 389(22): 5117-5127.

[8] DU L C, DAI Z C, MEI D C. Simulation study of the effects of time delay on the correlation function of a bistable system with correlated noises[J]. Chin. Phys. B, 2010, 8(19): 080503.

[9] VILAR J M G, KUEH H Y, BARKAI N, et al. Mechanisms of noise-resistance in genetic oscillators[J]. Proc. Natl. Acad. Sci., 2002, 99(9): 5988-5992.

[10] BENNETT M R, VOLFSON D, TSIMRING L, et al. Transient dynamics of genetic regulatory

networks: Biophysical journal[J]. Biophys. J, 2007, 92(10): 3501-3512.

[11] RISKEN H. The fokker-planck equation: methods of solution and applications[M]. Berlin: Springer, 1989.

[12] FOX R F. Functional-calculus approach to stochastic differential equations[J]. Phys. Rev. A, 1986, 33(1): 467-476.

[13] HÄNGGI P, MARCHESONI F, GRIGOLINI P. Bistable flow driven by coloured gaussian noise: A critical study[J]. Z. Phys. B, 1984, 56(4): 333-339.

[14] GARDINER C W. Handbook of stochastic methods[M]. Springer Series in Synergetics Springer-Verlag, Berlin, 1985.

[15] GUARDIA E, SAN MIGUEL M. Escape time and state dependent fluctuations[J]. Phys. Lett. A, 1985, 109(1/2): 9-12.

[16] SCHEFFER M, CARPENTER S R, FOLEY J A, et al. Catastrophic shifts in ecosystems[J]. Nature, 2001, 413: 591-596.

[17] HÄNGGI P, MARCHESONI F, GRIGOLINI P. Bistable flow driven by coloured gaussian noise: A critical study[J]. Z. Phys. B, 1984, 56(4): 333-339.

[18] FOX R F. Functional-calculus approach to stochastic differential equations[J]. Phys. Rev. A, 1986, 33(1): 467-476.

[19] BOUZAT S, WIO H S. Stochastic resonance in extended bistable systems: The role of potential symmetry[J]. Phys. Rev. E, 1999, 59(5): 5142.

[20] WIO H S, BOUZAT S. Stochastic resonance: The role of potential asymmetry and non Gaussian noises[J]. Braz. J. Phys, 1999, 29(1): 136.

第 5 章　种群动力学系统中的随机延迟效应

事实上，在生命科学中观察到了许多有趣的随机现象。噪声对地中海深处最大叶绿素时空变化的影响，一方面，预测了单核增生李斯特菌在传统西西里意大利香肠发酵过程中受噪声影响下的行为；另一方面，这些对种群动态特性的研究可能忽略了时滞可能产生的影响。参考文献揭示了动力系统中时间延迟的重要影响。在物理学中，时间延迟反映了与物质、能量和信息通过系统传输相关的传输时间。因此，本章节中对噪声相关性和时间延迟引起的种群生存状态和灭绝状态之间的状态转变进行了观察和研究。此外，作为噪声强度函数的种群灭绝转变时间(STE)具有最大值的非单调行为，表明存在导致最大延迟消光的适当噪声强度。这种非单调行为是在许多物理和复杂亚稳态系统中观察到的噪声增强稳定性现象(NES)的特征。最后，观察和研究了带有时滞和噪声的群体模型的随机共振(SR)现象。

5.1　种群模型的描述

5.1.1　确定性描述

首先考虑一个具体的例子，其中局部动态显示 Allee 效应，在一定的参数范围内，单个补丁动力学是双稳态的：有一种稳定状态与种群生存状态相对应，另一种稳定状态与灭绝状态相对应。相应的人口模型由表 5-1 中的转变过程和相关速率表示。

表 5-1　总体模型中的转变过程和相关速率

转变过程	相关速率
$N \longrightarrow \phi$	μN
$2N \longrightarrow 3N$	$\lambda N(N-1)/(2K)$
$3N \longrightarrow 2N$	$\sigma N(N-1)(N-2)/(6K^2)$

需要前两个过渡来捕获 Allee 效果。低密度人口的死亡率用 μ 给出，密度足

够大时人口的出生率用 λ 给出。人口过度拥挤的负出生率由 σ 提供，K 为人口的承载能力。因此，确定性速率方程的形式为：

$$\frac{\mathrm{d}n(t)}{\mathrm{d}t}=-\frac{\sigma}{6}n^3(t)+\frac{\lambda}{2}n^2(t)-\mu n(t)=h[n(t)] \tag{5-1}$$

当 $\Delta^2=1-8\sigma\mu/(3\lambda)^2>0$ 时，方程有 3 个固定点，描述了显著的 Allee 效应。不动点 $n_e=0$(灭绝状态)和 $n_p=K(1+\Delta)$(种群存活率)是吸引的，不动点 $n_r=K(1-\Delta)$排斥。不动点 n_r 对应建立的临界种群大小，而 n_p 对应建立的种群。参数 $K=3\lambda/(2\sigma)$为建立的总体规模的尺度。方程式(5-1)对应的势函数为：

$$\begin{aligned} U[n(t)] &= -\int^{n(t)} h[n(t)]\mathrm{d}n(t) \\ &= \frac{\sigma}{24}n^4(t) - \frac{\lambda}{6}n^3(t) + \frac{\mu}{2}n^2(t) \end{aligned} \tag{5-2}$$

根据不同的初始条件，$n(t)$可以分布在两个稳态(n_e 和 n_p)之一。对于特定的μ、σ、λ 值，它是一个双稳态系统。双稳态是该系统的一种重要的动力学特征，特别是对于某些过程中的命运决定。在本章中，采用如图 5-1 所示的双稳态区域。根据平均场理论，种群大小的动力学对应于过阻尼粒子的坐标$n(t)$，在该势中执行确定性运动。

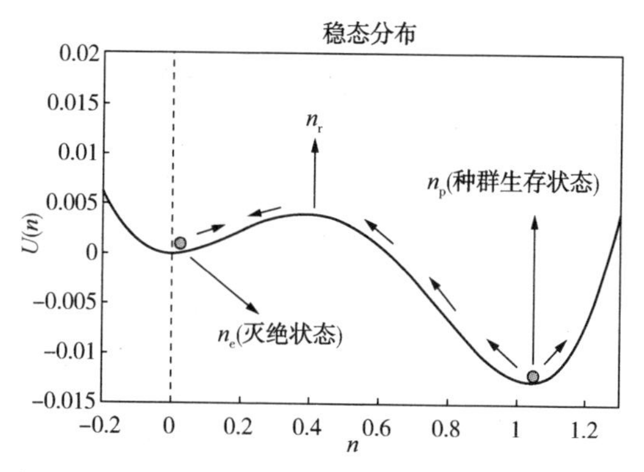

图 5-1 群体模型的确定性描述。势 $U(n)$作为 n 的函数，其中$\mu=0.2$，$\sigma=3.0$，$\lambda=1.425$

5.1.2 时滞种群模型的随机描述

人口系统经常受到环境噪声的影响。因此，揭示噪声如何影响人口系统是有用的。物理学、生物学、复杂性科学、控制理论和经济物理学认为噪声也可以具有稳定作用。Mao、Marion 和 Renshaw 等研究表明，环境噪声可以抑制潜在的人口爆炸。这表明，不同结构的环境噪声可能对人口系统产生不同的影响。因此，研究随机波动对总体模型的影响是合理的，由式(5-3)给出：

$$\frac{\mathrm{d}n(t)}{\mathrm{d}t}=h(n(t))+\sum_{j=1}^{2}g_j(n(t))\xi_j(t) \tag{5-3}$$

式中，$g_j(n(t))$为确定性函数，用于表征高斯函数噪声$\xi_j(t)$的状态依赖作用，噪声是零均值的白噪声，服从$\langle\xi_j(t)\xi_j(t')\rangle=2d_j\delta(t-t')$，$d_j$为噪声的强度$\xi_j(t)$。在我们的模型中，同时考虑乘法$[g_1(n(t))=-n(t)]$和加法$[g_2(n(t))=1]$噪声。环境波动也作用于死亡率常数$\mu$，因此控制参数$\mu$被$\mu+\xi_1(t)$代替，作为加性噪声源$\xi_2(t)$。加性噪声描述了由于替代吸引子的存在而导致的固有不确定性。两个独立的噪声$\xi_1(t)$和$\xi_2(t)$可能有一个共同的来源，因此在我们的模型中应该考虑它们之间的相关性，使得$\langle\xi_1(t)\xi_2(t')\rangle=\langle\xi_2(t)\xi_1(t')\rangle=2q\sqrt{d_1d_2}$，其中$q$为表征噪声互相关的强度，$|q|\leqslant1$。

另外，所有过程都需要时间才能完成。与行驶大多数距离所需的时间相比，加速和减速等物理过程只需很少的时间。然而，与大多数人口研究中的数据收集时间相比，妊娠和成熟等生物过程所涉及的时间可能很长。因此，必须将这些过程时间明确地纳入种群动态的数学模型中。这些过程时间通常称为延迟时间，包含此类延迟时间的模型称为延迟微分方程(DDE)模型。与该总体模型对应的随机延迟方程由式(5-4)给出：

$$\frac{\mathrm{d}n(t)}{\mathrm{d}t}=h[n(t),\ n(t-\tau_i)]+\sum_{j=1}^{2}g_j\{n(t),\ n[(t-\tau_i)]\}\xi_j(t) \tag{5-4}$$

时间延迟τ_i可以出现在任何层次的种群模型中，比如在死亡、出生或全球过程中。我们估计了死亡过程中时间延迟τ_d、出生过程中时间延迟τ_b和全局过程中时间延迟τ_g所引起的影响。修正模型Ⅰ：首先在死亡过程中加入局部时间延迟τ_d，即死亡项$-\mu n$可以写成$-\mu n\ \tau_\mathrm{d}$。则随机延迟微分方程式(5-4)可进一步改写为：

$$\frac{\mathrm{d}n}{\mathrm{d}t}=-\frac{\sigma}{6}n^3+\frac{\lambda}{2}n^2-[\mu+\xi_1(t)]n_{\tau_\mathrm{d}}+\xi_2(t) \tag{5-5}$$

其中，τ_d早于计算$\mathrm{d}n/\mathrm{d}t$的时间。由于$\mu n\ \tau_\mathrm{d}$线性依赖于种群，为简单起见，我们称这种形式的时间延迟为线性时间延迟。此外，在修改后的模型Ⅰ中只研究了微小的时间延迟，因为下面的理论近似方法适用于微小的延迟时间。

修正模型Ⅱ：由于种群模型中的时间延迟通常解释成熟或妊娠期，我们将局部时间延迟包括到出生期(速率常数σ和λ)：

$$\frac{\mathrm{d}n}{\mathrm{d}t}=-\frac{\sigma}{6}n_{\tau_\mathrm{b}}^3+\frac{\lambda}{2}n_{\tau_\mathrm{b}}^2-[\mu+\xi_1(t)]n+\xi_2(t) \tag{5-6}$$

其中，右侧第一项和第二项是在计算$\mathrm{d}n/\mathrm{d}t$时间之前的时间τ_d评估的，且为非线性时滞，同时在随机力中不出现延迟时间。为简单起见，我们将这种情况视为非线性时滞情况。

修正模型Ⅲ：将死亡和出生过程中出现的延迟都包括在内：

$$\frac{dn}{dt}=-\frac{\sigma}{6}n_{\tau_g}^3+\frac{\lambda}{2}n_{\tau_g}^2-[\mu+\xi_1(t)]n_{\tau_g}+\xi_2(t) \tag{5-7}$$

式中，τ_g 为总体模型中的全局延迟，这种情况结合了上述两种情况的影响，在不同情况下探讨了我们的理论模型受相关噪声和时间延迟影响的统计特性。

5.2 主要结果与讨论

为了研究人口模型中时间延迟和环境噪声对灾难性政权转变的作用，我们对人口的时间序列、概率密度和平均首次转变时间进行了数值研究。数值模拟是通过直接积分随机时滞微分方程(5-4)来进行的。Box-Mueller 算法用于生成高斯噪声。采用时间步长 $h=0.01$ 的欧拉方程获得概率分布的数值数据，并保存了500多个不同轨迹的概率分布数据。我们进行了100000次模拟以确定稳定性极限。

5.2.1 时间序列和概率密度

在本小节中，研究了估计噪声和延迟对概率密度的影响，以分析状态转移现象。设 $P(n, t)$ 表示在时间 t 概率恰好等于 n 的概率密度分布。那么，方程(5-4)对应的 $P(n, t)$ 的时滞福克-普朗克方程可以由式(5-8)给出：

$$\frac{\partial P(n,t)}{\partial t}=-\frac{\partial}{\partial_n}F[(n,n_{\tau_i})]P(n,t)+\frac{\partial^2}{\partial n^2}G[(n,n_{\tau_i})]P(n,t) \tag{5-8}$$

其中：

$$F(n,n_{\tau_i})=h(n,n_{\tau_i})+\frac{1}{2}G'(n,n_{\tau_i}) \tag{5-9}$$

$$G(n,n_{\tau_i})=d_1g_1^2(n,n_{\tau_i})+2q\sqrt{d_1d_2}\,g_1(n,n_{\tau_i})+d_2 \tag{5-10}$$

图5-2和图5-3所示为通过朗之万方程式(5-4)直接模拟内在噪声强度 d_1 和外在噪声强度 d_2 对总体概率密度的影响。由图5-2可知：随着 d_1 值的增加($d_1=0.01$、$d_1=0.05$ 和 $d_1=0.20$)，n_e 态的峰值变高，n_p 变低。上述结果表明：种群模型受到内部噪声 d_1 的影响，总体概率密度会从种群生存状态 n_p 切换到灭绝状态 n_e。然而，随着外在噪声 d_2 的增加($d_2=0.003$、$d_2=0.005$、$d_2=0.020$)，总体概率密度的结构从 n_e 状态变为 n_p 状态，如图5-3所示。因此，两者噪声强度对人口系统有不同的影响。为了对所研究的噪声引起的转变现象有更多的物理了解，我们举一个例子来说明。固定参数与图5-3中的相同($d_2=0.005$)。图5-4所示为不同互相关强度 q 对总体概率密度的影响。对于负互相关强度($q=-0.9$)，概率密度作为 n 的函数显示灭绝状态 n_e 状态。随着互相关强度值的增加($q=0.1$)，

总体概率密度的结构呈现出两个峰。当 $q=0.9$ 时，从两个峰转变为单峰。换句话说，随着互相关强度的增加，种群的概率密度从灭绝状态 n_e 变为种群生存状态 n_p。我们可以理解，如果人口系统要保持灭绝状态 n_e，那么互相关强度需要降低。

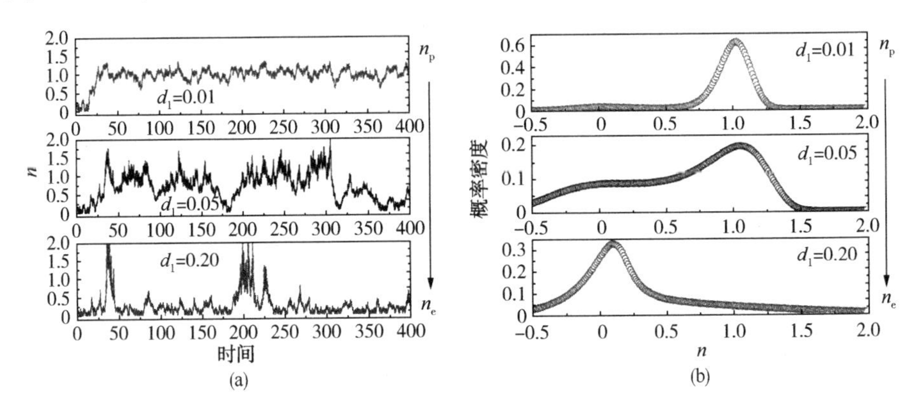

图 5-2　不同噪声强度 $d_1=0.01$、0.05 和 0.20 的稳态 $n(t)$ 的时间序列和概率密度。其他参数值分别为 $\mu=0.2$、$\sigma=3.0$、$\lambda=1.425$、$d_2=0.01$、$q=0.8$、$\tau_d=0.1$。随着 d_1 值的增大，n_e 态的峰值变高，n_p 变低

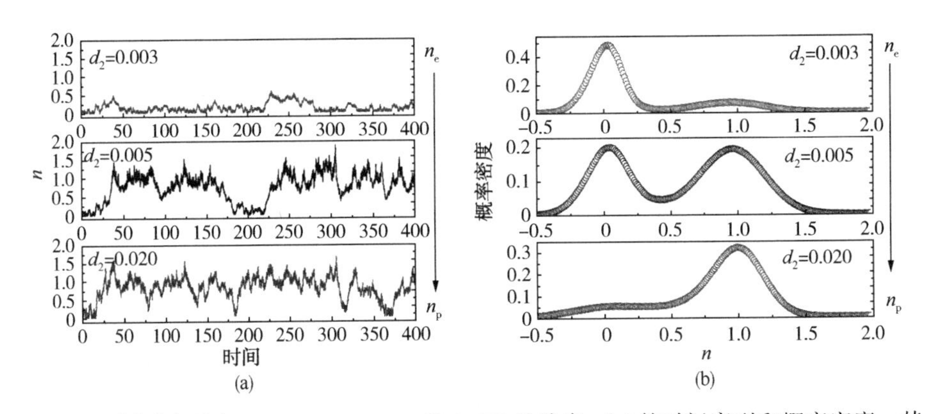

图 5-3　不同噪声强度 $d_2=0.003$、0.005 和 0.020 的稳态 $n(t)$ 的时间序列和概率密度。其他参数值分别为 $\mu=0.2$、$\sigma=3.0$、$\lambda=1.425$、$d_1=0.03$、$q=0.8$、$\tau_d=0.1$。随着 d_2 值的增大，n_p 态的峰值变高，n_e 变低

图 5-5～图 5-7 分别为不同时间延迟 τ_d、τ_b 和 τ_g 下种群 n 的概率密度。当时间延迟 $\tau_d=\tau_b=\tau_g=0.1$ 时，总体概率密度作为 n 的函数呈现两个峰值，一个处于 n_e 状态，另一个处于 n_p 状态。随着时间延迟 τ_d 值的增加，种群系统中的概率分布结构从种群生存状态 n_p 切换到灭绝状态 n_e。然而，$\tau_b=1.0$（图 5-6）的情况与 τ_d（图 5-5）和 τ_g（图 5-7）增加的情况不同。$\tau_b=2.0$ 时，两个峰的现象变得更加明显。也就是说，种群生存状态 n_p 和灭绝状态 n_e 并存。

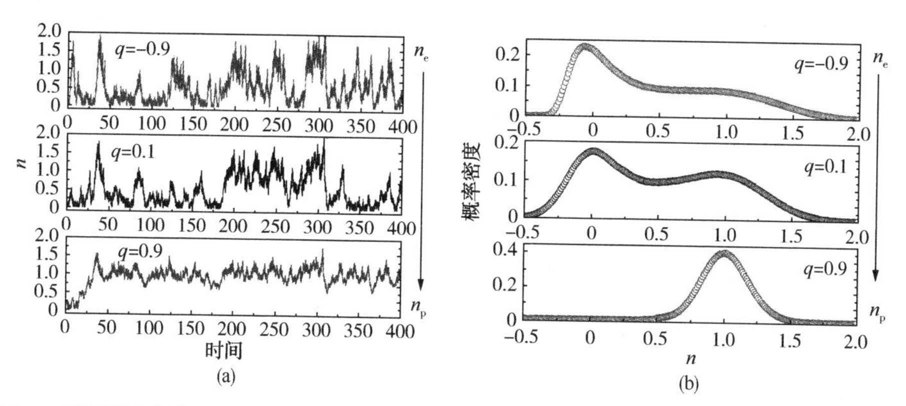

图 5-4　不同噪声强度 $q=-0.9$、0.1 和 0.9 时的稳态 $n(t)$ 的时间序列和概率密度。其他参数值为 $\mu=0.2$、$\sigma=3.0$、$\lambda=1.425$、$d_1=0.03$、$d_2=0.01$、$\tau_d=0.1$。随着 q 值的增大，n_p 态的峰值变高，n_e 变低

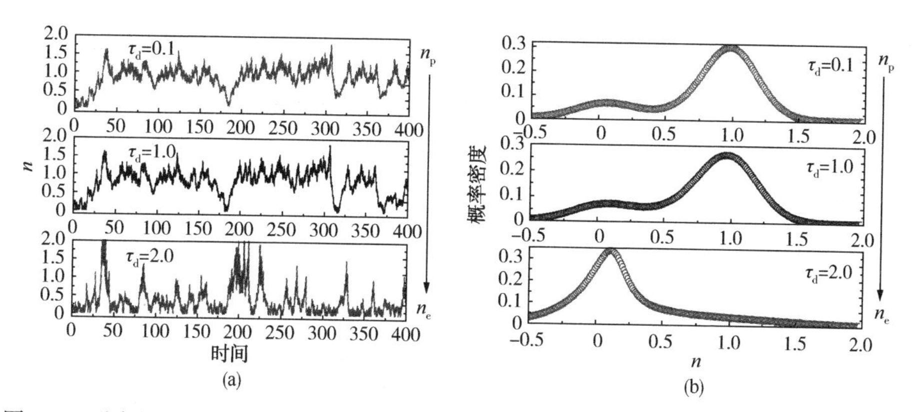

图 5-5　不同时间延迟 $\tau_d=0.1$、1.0 和 2.0 的稳态 $n(t)$ 的时间序列和概率密度。其他参数值为 $\mu=0.2$、$\sigma=3.0$、$\lambda=1.425$、$d_1=0.03$、$d_2=0.01$ 和 $q=0.8$。随着 τ_d 值的增加，n_e 态的峰值变高，n_p 变低

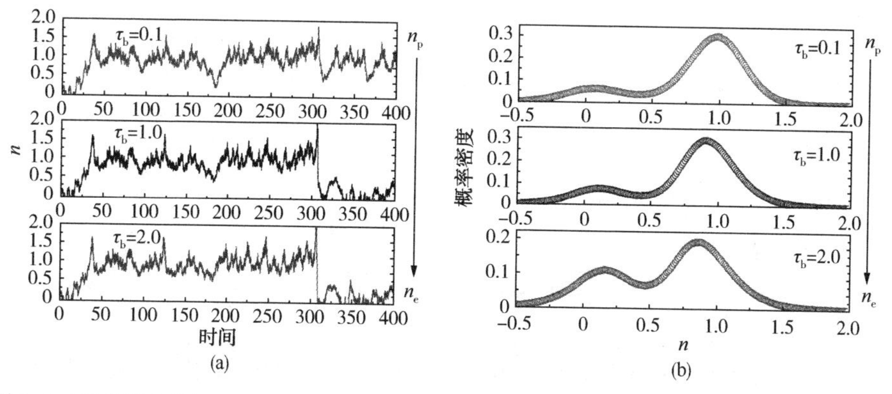

图 5-6　不同时间延迟 $\tau_b=0.1$、1.0 和 2.0 的时间序列和稳态 $n(t)$ 的概率密度。其他参数值为 $\mu=0.2$、$\sigma=3.0$、$\lambda=1.425$、$d_1=0.03$、$d_2=0.01$ 和 $q=0.8$。随着 τ_b 值的增加，n_e 态的峰值变高，n_p 变低

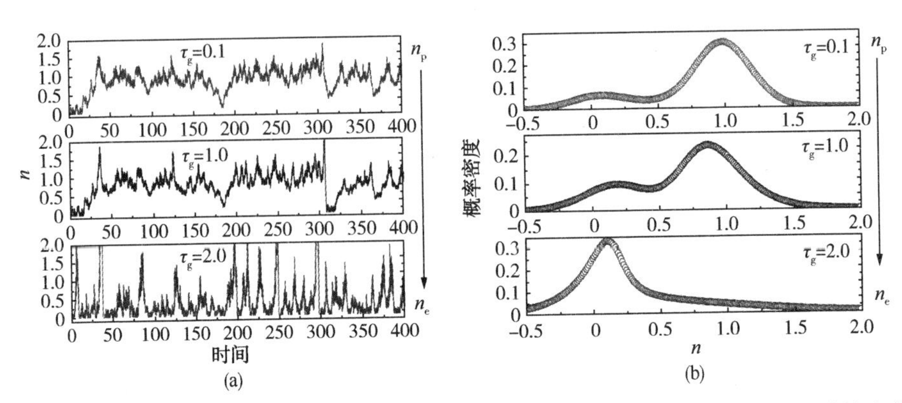

图 5-7　不同时间延迟 $\tau_g=0.1$、1.0 和 2.0 的稳态 $n(t)$ 的时间序列和概率密度。其他参数值为 $\mu=0.2$、$\sigma=3.0$、$\lambda=1.425$、$d_1=0.03$、$d_2=0.01$ 和 $q=0.8$。随着 τ_g 值的增大，n_e 态的峰值变高，n_p 变低

在图 5-8 中，计算了不同时间（$t=0$、$t=10$、$t=100$ 和 $t=1000$）的 PDF，对应于稳态。可以看到 PDF 从 $t=0$ 时的峰值 δ 函数到稳态双峰的时间演化。

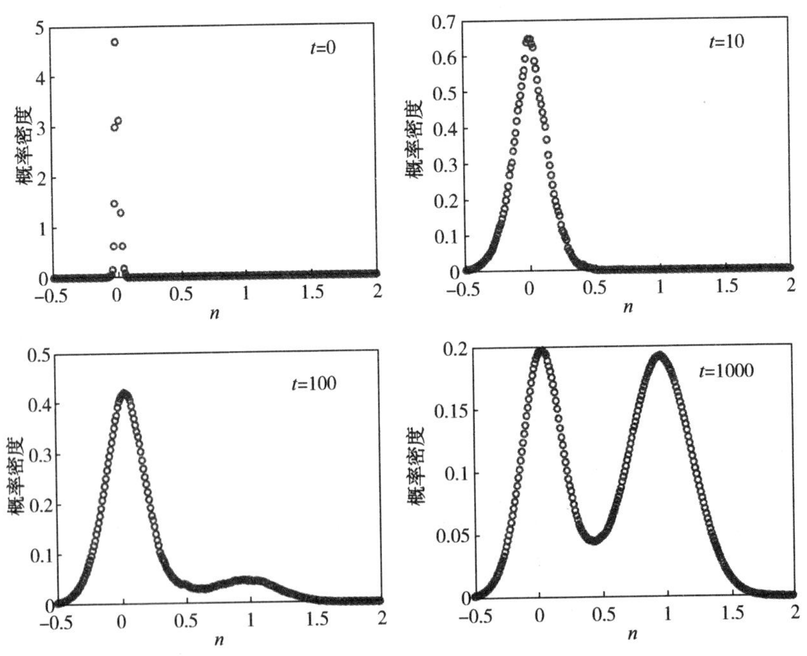

图 5-8　不同时间 $t=0$、$t=10$、$t=100$ 和 $t=1000$ 时 $n(t)$ 的概率密度。其他参数值为 $\mu=0.2$、$\sigma=3.0$、$\lambda=1.425$、$d_1=0.03$、$d_2=0.005$、$q=0.8$、$\tau_d=0.1$

5.2.2 物种灭绝转变时间和 NES

系统具有两种稳定状态：一种是种群生存状态(n_p)，另一种是灭绝状态(n_e)。人口系统中存在的环境扰动和时间延迟可能会导致两种替代稳定状态之间的政权转变。研究者感兴趣的量是从种群生存状态到灭绝状态的时间。这个时间是一个随机变量，通常被称为第一转变时间。我们有必要研究种群从生存状态到灭绝状态的平均首次转变时间。有研究者给出了解决经典平均第一转变时间问题的一种简单但非常通用的方法，我们已将其扩展用于研究种群的灭绝转变时间(STE)。假设模拟中的所有种群最初位于位置 $n(t=0)=n_p$(种群生存状态)。STE $T(n;\ a,\ b)$是第一次退出区间$(a,\ b)$的平均时间，满足问题：

$$-1=F(n,\ n_{\tau_i})\frac{\mathrm{d}T(n)}{\mathrm{d}n}+\frac{1}{2}G(n,\ n_{\tau_i})\frac{\mathrm{d}^2T(n)}{\mathrm{d}n^2} \tag{5-11}$$

其中，漂移系数 $F(n,\ n_{\tau_i})$和 $G(n,\ n_{\tau_i})$分别由式(5-9)和式(5-10)给出。从稳定状态 n_e(灭绝状态)的吸引盆退出的 STE $T(n)=T(n_p \to n_e)$是通过区间$(a,\ b)=(0,\ n_p)$和边界获得的条件由 $T'(a;\ a,\ b)=0$ 和 $T(b;\ a,\ b)=0$ 给出。素数表示相对于 n 的微分，在 a 和 b 处存在反射和吸收边界条件。因此，STE 可以由式(5-12)给出：

$$T(n_p \to n_e)=\int_{n_p}^{n_e}\frac{\mathrm{d}n}{G(n,\ n_{\tau_i})P_{st}(n)}\int_{-\infty}^{n}P_{st}(y)\,\mathrm{d}y \tag{5-12}$$

图 5-9 所示为外在噪声强度 d_2 和两个噪声之间的互相关强度 q 对 STE[$T(n_p \to n_e)$]的影响。随着 d_1 的增加，STE 呈现出一个最大值，如图 5-9(a)所示。随着外在噪声强度 d_2 的增加，最大值减小。从图 5-9(b)可以看出，当互相关强度$q=0.1$时，STE 没有峰值。如果互相关强度 q 增加(0.8 和 0.9)，则 STE 表现出非单调行为，随着 d_1 的增加而达到最大值。STE 的最大值作为 d_1 的函数，确定了 n_p 态的噪声增强稳定性(NES)的特征。这种非单调行为首先由 Hirsch 等在数值上发现，后来由 Dayan 等提出，但没有任何物理解释。后来，Mantegna 和 Spagnolo 通过实验观察到了这种现象，他们将其命名为噪声增强稳定性(NES)，其特征是非单调行为，从亚稳态平均逃逸时间的最大值为函数噪声强度。NES 现象在论文中得到了理论上的解释和物理上的理解。最近，对噪声稳定效应的研究扩展到了量子领域，研究了沿不对称双稳态势运动的量子粒子的耗散动力学。STE 的最大值表明群体生存状态 n_p 的稳定性可以通过噪声来增强，并且群体生存状态 n_p 的平均寿命比确定性衰减时间长。上述结果表明：噪声强度导致 n_p 状态的表达，因此可以将其视为向消光状态 n_e 转变时间的控制参数。这种类似共振的行为与克莱默斯理论预测的单调行为相矛盾。同时，q 的增加导致 STE 的增加[见图 5-9(b)]，即互相关强度可以增强

群体生存状态 n_p 的稳定性。

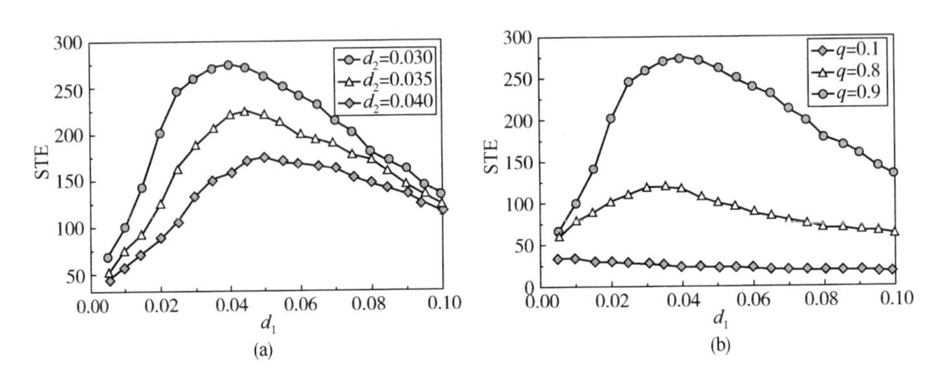

图 5-9　STE 作为内在噪声强度 d_1 以及不同值的外在噪声强度 d_2 和互相关强度 q 的函数。(a)中 $q=0.9$，(b)中 $d_2=0.1$。其他参数值为 $\mu=0.2$、$\sigma=3.0$、$\lambda=1.425$，$\tau_d=0.1$

时间延迟 τ_d、τ_b 和 τ_g 对 STE 的影响分别如图 5-10 所示。STE 增加达到最大值，然后随着固有噪声强度 d_1 的增加而减小，换句话说，STE 作为噪声强度(d_1)的函数呈现出最大值，该最大值表明群体生存状态 n_p 的稳定性可以通过噪声

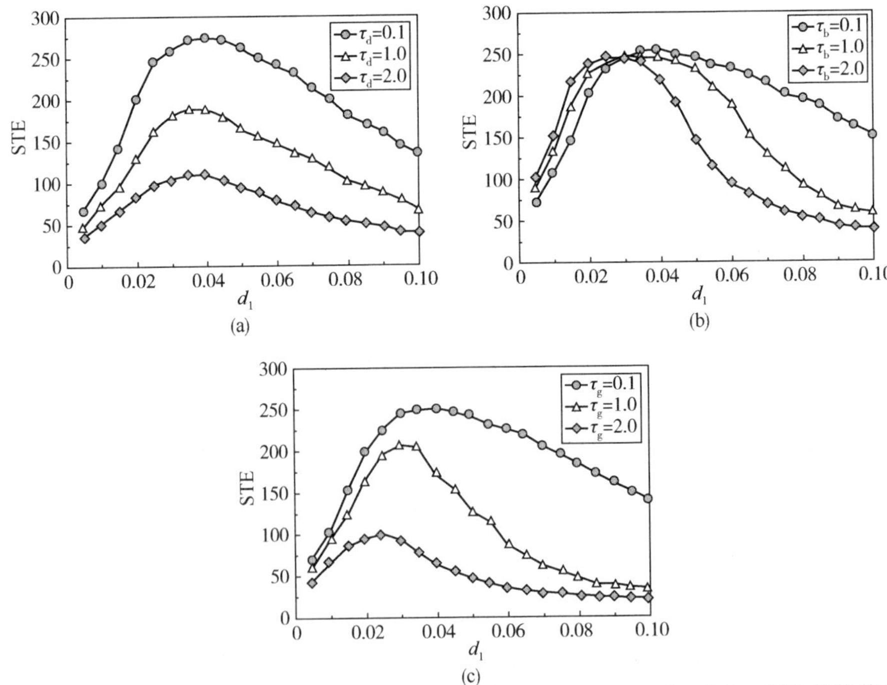

图 5-10　STE 作为 d_1 的函数，具有不同的时间延迟 τ_d(a)、τ_b(b)和 τ_g(c)。其他参数值为 $\mu=0.2$、$\sigma=3.0$、$\lambda=1.425$、$q=0.9$ 和 $d_2=0.1$

来增强。STE 中最大值的高度降低，如图 5-10(a)所示。另外，图 5-10 中 τ_b 的值增加时，峰值位置会移动到较小的 d_1 值。而当 τ_g 值增加时，其最大值的高度减小，并且其位置移动到 d_1 的较小值，需要强调的是，τ_g 的增加仍然不能改变 STE，如图 5-10(c)所示。τ_g 对系统 STE 的影响是 τ_d 和 τ_b 相互作用的结果。最大值不仅减小，而且移动到噪声较小的位置。

5.2.3 理论分析与验证

在这里，我们对带有环境噪声和时间延迟 τ_d 的修正模型 I [方程(5-5)]中的准稳态概率分布和灭绝时间进行了理论分析。对于这种情况，有效漂移和扩散系数 $F_{eff}(n)$ 和 $G_{eff}(n)$ 如式(5-13)、式(5-14)所示：

$$F_{eff}(n)=\sqrt{\frac{1}{2\pi G^{(0)}(n)\tau_d}}\int_{-\infty}^{\infty}F(n,n_{\tau_d})\exp\left\{-\frac{[n_{\tau_d}-n-h^{(0)}(n)\tau_d]^2}{2G^{(0)}(n)\tau_d}\right\} \tag{5-13}$$

$$G_{eff}(n)=\sqrt{\frac{1}{2\pi G^{(0)}(n)\tau_d}}\int_{-\infty}^{\infty}G(n,n_{\tau_d})\exp\left\{-\frac{[n_{\tau_d}-n-h^{(0)}(n)\tau_d]^2}{2G^{(0)}(n)\tau_d}\right\} \tag{5-14}$$

其中：

$$F(n,n_{\tau_d})=h(n,n_{\tau_d})+\frac{1}{2}G'(n,n_{\tau_d}) \tag{5-15}$$

$$G(n,n_{\tau_d})=d_1g_1^2(n,n_{\tau_d})+2q\sqrt{d_1d_2}\,g_1(n,n_{\tau_d})+d_2 \tag{5-16}$$

$$G^{(0)}(n)=G(n,n_{\tau_d})\mid_{(n_{\tau_d}=n)}=d_1n^2-2q\sqrt{d_1d_2}\,n+d_2$$

$$h^{(0)}(n)=h(n,n_{\tau_d})\mid_{(n_{\tau_d}=n)}=-\frac{\sigma}{6}n^3+\frac{\lambda}{2}n^2-\mu n$$

将式(5-15)、式(5-16)代入式(5-13)、式(5-14)，可得到：

$$F_{eff}(n)=(1-\mu\tau_d)\left(-\frac{\sigma}{6}n^3+\frac{\lambda}{2}n^2-\mu\right)+d_1(1-\tau_d)^2n-q\sqrt{d_1d_2}(1-\tau_d) \tag{5-17}$$

$$G_{eff}(n)=d_1(1-\tau_d)^2n^2-2q\sqrt{d_1d_2}(1-\tau_d)n+d_2 \tag{5-18}$$

由方程(5-8)，总体的准平稳概率分布函数(PDF)可推导为：

$$P_{st}(n)=\frac{N}{\sqrt{G_{eff}(n)}}\exp\int^n\frac{h_{eff}(n')}{G_{eff}(n')}dn'=\frac{N}{\sqrt{G_{eff}(n)}}\exp\left[-\frac{U_{eff}(n)}{d_1}\right] \tag{5-19}$$

式中，N 为归一化常数；$U_{\mathrm{eff}}(n)$ 为有效势函数，可以精确地表示为：

$$U_{\mathrm{eff}}(n)=-d_1\int^n \frac{(1-\mu\tau_{\mathrm{d}})\left(-\frac{\sigma}{6}n'^3+\frac{\lambda}{2}n'^2-\mu n'\right)}{d_1(1-\tau_{\mathrm{d}})^2n'^2-2q\sqrt{d_1d_2}(1-\tau_{\mathrm{d}})n'+d_2}dn' \quad (5-20)$$

由积分式(5-20)，可得到：

$$U_{\mathrm{eff}}(n)=\beta_1n^2+\beta_2n+\beta_3\ln|(1-\tau_{\mathrm{d}})^2n^2-2(1-\tau_{\mathrm{d}})q\sqrt{d}n+d| + \frac{\beta_4}{(1-\tau_{\mathrm{d}})\sqrt{d(1-q^2)}}\arctan\frac{(1-\tau_{\mathrm{d}})n-q\sqrt{d}}{\sqrt{d(1-q^2)}} \quad (5-21)$$

其中：

$$d=\frac{d_2}{d_1}$$

$$\beta_1=\frac{\sigma(1-\mu\tau_{\mathrm{d}})}{12(1-\mu\tau_{\mathrm{d}})^2}$$

$$\beta_2=\frac{\sigma q\sqrt{d}(1-\mu\tau_{\mathrm{d}})}{3(1-\tau_{\mathrm{d}})^3}-\frac{\lambda(1-\mu\tau_{\mathrm{d}})}{2(1-\tau_{\mathrm{d}})^2} \quad (5-22)$$

$$\beta_3=\left[\frac{\sigma q\sqrt{d}(1-\mu\tau_{\mathrm{d}})}{3(1-\tau_{\mathrm{d}})}-\frac{\lambda}{2}\right]\frac{q\sqrt{d}(1-\mu\tau_{\mathrm{d}})}{(1-\tau_{\mathrm{d}})^3}+\left[\mu-\frac{\sigma d}{6(1-\tau_{\mathrm{d}})^2}\right]\frac{(1-\mu\tau_{\mathrm{d}})}{2(1-\tau_{\mathrm{d}})^2} \quad (5-23)$$

$$\beta_4=\left[\mu-\frac{\sigma d}{6(1-\tau_{\mathrm{d}})^2}\right]\frac{q\sqrt{d}(1-\mu\tau_{\mathrm{d}})}{(1-\tau_{\mathrm{d}})}+\left[\frac{\sigma q\sqrt{d}}{3(1-\tau_{\mathrm{d}})}-\frac{\lambda}{2}\right]\frac{d(2q^2-1)(1-\mu\tau_{\mathrm{d}})}{(1-\tau_{\mathrm{d}})^2} \quad (5-24)$$

此外，噪声和时间延迟对分岔图的影响由 PDF 的最大值给出。PDF 的最大值通过一般方程 $F_{\mathrm{eff}}(n)-G_{\mathrm{eff}}(n)=0$ 获得。根据式(5-13)、式(5-14)，这导致：

$$(1-\mu\tau_{\mathrm{d}})\left(-\frac{\sigma}{6}n^3+\frac{\lambda}{2}n^2-\mu n\right)-d_1(1-\tau_{\mathrm{d}})^2n+q\sqrt{d_1d_2}(1-\tau_{\mathrm{d}})=0 \quad (5-25)$$

使用梯度下降法，SET(5-12)的显式表达式由式(5-26)给出：

$$T(n_{\mathrm{p}}\to n_{\mathrm{e}})=\frac{2\pi}{\sqrt{|U''(n_{\mathrm{r}})U''(n_{\mathrm{p}})|}}\exp\left[\frac{U_{\mathrm{eff}}(n_{\mathrm{r}})-U_{\mathrm{eff}}(n_{\mathrm{p}})}{d_1}\right] \quad (5-26)$$

其中，$U(n)$ 和 $U_{\mathrm{eff}}(n)$ 分别由式(5-2)和式(5-21)给出。

为了检查受噪声和时间延迟影响的人口系统数值模拟的可信度，将数值模拟(图 5-2～图 5-5)与近似理论结果[图 5-11(a)～(d)]进行比较。在这里，对具有时滞 τ_{d} 的总体系统中的平稳概率分布进行了理论分析。概率分布的数值模拟与近似理论结果一致，这表明具有时滞和噪声的群体系统的数值模拟是可信的。

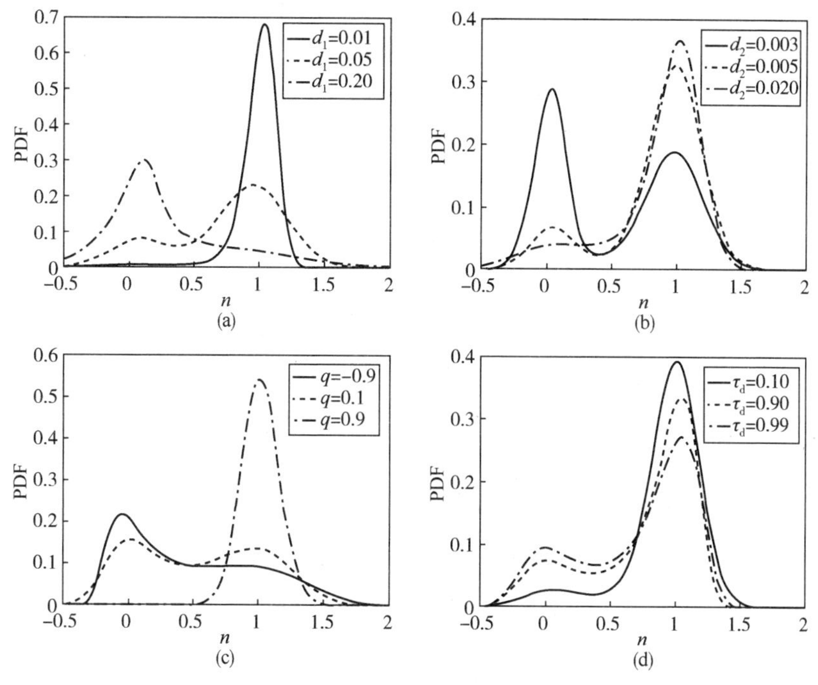

图 5-11　不同内在噪声强度 d_1(a)、外在噪声强度 d_2(b)、两个噪声之间的互相关强度 q(c)和时间延迟 τ_d(d)下，总体稳态概率分布作为 $n(t)$的函数。其他参数值为 $\mu=0.2$、$\sigma=3$、$\lambda=1.425$、(a) $d_2=0.01$、$q=0.8$、$\tau_d=0.1$；(b) $d_1=0.03$、$q=0.8$、$\tau_d=0.1$；(c) $d_1=0.03$、$d_2=0.01$、$\tau_d=0.1$；(d) $d_1=0.03$、$d_2=0.01$、$q=0.8$

噪声引起的转变和相变现象已经在其他非线性系统中表现出来，这里噪声引起的转变存在于总体系统中。外来噪声强度 d_2 对分叉图的影响见图 5-12(a)。当外在噪声强度较小($d_2=0.003$)且 $\mu_1<\mu<\mu_2$ 时，式(5-21)有 3 个根。换句话说，SPD 对应的系统是双峰结构。随着 d_2 值的增加($d_2=0.030$)且 $\mu_1<\mu<\mu_1'$，方程式(5-21)有1 个根，相应的 SPD 是单峰结构。然而，如果 μ 值增加，可以看到当 d_2 增加时 SPD 结构从单峰变为双峰。

类似地，图 5-12(b)为时间延迟 τ_d 对 SPD 和分叉图的影响。当 $\mu\in\Delta\mu_1$ 且 $\tau_d=0.1$ 时，方程(5-21)有 1 个根，相应的 SPD 具有单峰结构，如图 5-12(b)所示。随着 τ_d 值的增加[参见图 5-12(b)中的 $\tau_d=0.9$]，方程式(5-21)有 3 个根，对应的 SPD 是双峰结构，即当 τ_d 增大时，SPD 结构从单峰变为双峰。因此，时延对 SPD 和分叉图的影响是一致的。

n 和噪声(或时间延迟)函数的 STE 三维曲线如图 5-13 所示。显然，作为噪声强度 d_1 的函数的 STE 表现出最大值，该最大值表明噪声可以增强种群状态的稳定性。d_2 值越大，峰值越高[图 5-13(a)]。由图 5-13(b)可以看出，互相关强度 q 对 STE 的变化有很大的影响。当 q 值增大时，STE 的最大值显著增大。时间延迟 τ_d 促进 STE 最大值的增加，如图 5-13(c)所示。这些结果也与数值模拟结果很好地吻合。

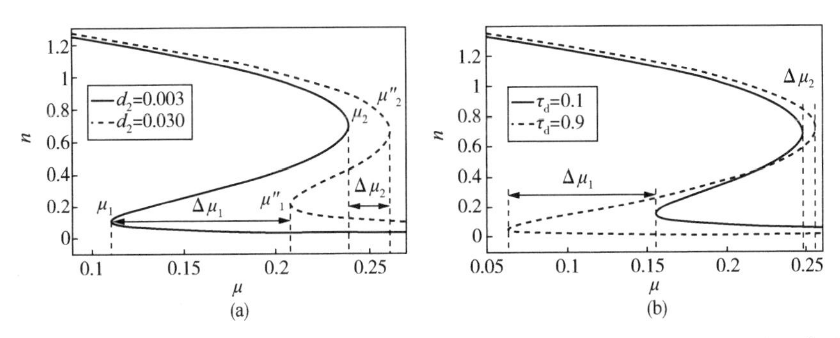

图 5-12　对于不同的外在噪声强度 d_2(a)和不同的时间延迟 τ_d(b)，蛋白质浓度 n 作为 μ 的函数的分叉图。其他参数值为 $\sigma=3$、$\lambda=1.425$；(a)$d_1=0.03$、$q=0.8$、$\tau_d=0.1$；(b)$d_1=0.03$、$d_2=0.03$、$q=0.8$

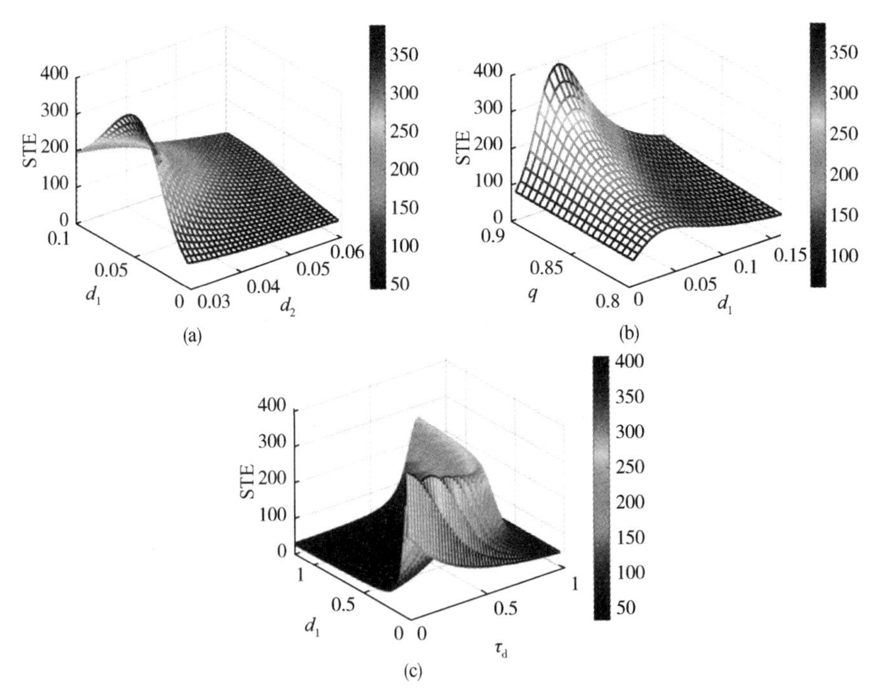

图 5-13　不同噪声和时间延迟影响的 STE 三维曲线。参数值为 $\mu=0.2$、$\sigma=3.0$、$\lambda=1.425$；(a)$q=0.8$、$\tau_d=0.1$；(b)$d_2=0.03$、$\tau_d=0.1$；(c)$d_2=0.03$、$q=0.8$

5.2.4 随机共振

考虑一个简单的周期形式 $A\cos\omega t$，A 和 ω 分别为周期信号的幅度和频率。因此，式(5-5)可以改写为：

$$\frac{\mathrm{d}n}{\mathrm{d}t}=-\frac{\sigma}{6}n^3+\frac{\lambda}{2}n^2-[\mu+\xi_1(t)]n_{\tau_d}+\xi_2(t)+\widetilde{A}\cos\omega t \tag{5-27}$$

为了研究群体系统中的 SR，我们需要系统的 SNR。首先，得出两个状态之间的转换率，然后计算系统的 SNR。使用梯度下降法，$n(t)$ 到达状态 $n_{\mathrm{p,e}}$ 且初始条件 $n_{\mathrm{e,p}}$ 的(STE) T_1、T_2 的显式表达式为：

$$\begin{aligned}
T_{n_\mathrm{p}-n_\mathrm{e}}=T_1&=\frac{2\pi}{\sqrt{|U''(n_\mathrm{r})U''(n_\mathrm{p})|}}\exp\left[\frac{U_{\mathrm{eff}}(n_\mathrm{r},t)-U_{\mathrm{eff}}(n_\mathrm{p},t)}{d_1}\right]\\
T_{n_\mathrm{e}-n_\mathrm{p}}=T_2&=\frac{2\pi}{\sqrt{|U''(n_\mathrm{r})U''(n_\mathrm{p})|}}\exp\left[\frac{U_{\mathrm{eff}}(n_\mathrm{r},t)-U_{\mathrm{eff}}(n_\mathrm{e},t)}{d_1}\right]
\end{aligned} \tag{5-28}$$

注意，仅当通过 d_1 和 d_2 测量的两种噪声的强度与能垒高度相比较小时，上述结果才有效：d_1，$d_2<\Delta U=|U(n_\mathrm{r},t)-U(n_{\mathrm{p,e}},t)|$。这提供了对参数($d_1$、$d_2$、$A$、$\omega$ 等)的限制。必须指出的是，以下结果仅限于有效区域。因此，可以得到转移率：

$$\begin{aligned}
W_{n_\mathrm{p}-n_\mathrm{e}}=W_1&=\frac{\sqrt{|U''(n_\mathrm{r})U''(n_\mathrm{p})|}}{2\pi}\exp\left[\frac{U_{\mathrm{eff}}(n_\mathrm{p},t)-U_{\mathrm{eff}}(n_\mathrm{r},t)}{d_1}\right]\\
W_{n_\mathrm{e}-n_\mathrm{p}}=W_2&=\frac{\sqrt{|U''(n_\mathrm{r})U''(n_\mathrm{e})|}}{2\pi}\exp\left[\frac{U_{\mathrm{eff}}(n_\mathrm{e},t)-U_{\mathrm{eff}}(n_\mathrm{r},t)}{d_1}\right]
\end{aligned} \tag{5-29}$$

式中，U''为 U 对 n 的二阶导数，$U(n)$ 由方程(5-2)给出。$U_{\mathrm{eff}}(n,t)$ 是考虑周期信号后重写的[方程(5-20)]。

首先考虑由离散随机动态变量 n 描述的系统，该变量采用两个可能的值 n_p 和 n_e，概率分别为 n_1、n_2。概率满足条件 $n_1+n_2=1$。我们问题的主方程为：

$$\begin{aligned}
\frac{\mathrm{d}n_1}{\mathrm{d}t}=-\frac{\mathrm{d}n_2}{\mathrm{d}t}&=W_2(t)n_2(t)-W_1(t)n_1(t)\\
&=W_2(t)-[W_2(t)+W_1(t)]n_1(t)
\end{aligned} \tag{5-30}$$

式中，$W_{1,2}$为 $n_{\mathrm{p,e}}$状态的转变率。由于假设信号幅度足够小(A_1)，因此转换率 $W_{1,2}(t)$ 可以扩展到 A 的一阶，如式(5-31)所示：

$$\begin{aligned}
W_1(t)&=\mu_1-\nu_1\widetilde{A}\cos\omega t\\
W_2(t)&=\mu_2-\nu_2\widetilde{A}\cos\omega t
\end{aligned} \tag{5-31}$$

其中：

$$\mu_1 = W_1 \mid_{S(t)=0}, \quad \nu_1 = -\frac{dW_1}{dS(t)} \mid_{S(t)=0}, \quad S(t)\widetilde{A}\cos\omega t$$
$$\mu_2 = W_2 \mid_{S(t)=0}, \quad \nu_2 = -\frac{dW_2}{dS(t)} \mid_{S(t)=0} \tag{5-32}$$

然后，以输出信号功率谱表示的 SNR 可以由式(5-33)给出：

$$\mathrm{SNR} = \frac{\widetilde{A}^2 \pi \left(\nu_2 \mu_1 + \nu_1 \mu_2\right)^2}{4\pi\mu_1 \mu_2 (\mu_1 + \mu_2)} \tag{5-33}$$

以 SNR 作为固有噪声强度 d_1 和互相关强度 q 的函数，时间延迟 τ_d 的影响绘制在图 5-14(a)(b)中。由图 5-14(a)可知：作为 d_1 函数的 SNR 在 q 为负值时表现出最大值。作为 d_1 函数的 SNR 最大值的存在是 SR 现象的识别特征。随着 q 值继续增加，作为 d_1 函数的 SNR 最大值减小，即正互相关强度两个噪声之间的 SR 现象减弱。由图 5-14(b)可知：随着 τ_d 值的增加，作为 d_1 函数的 SNR 最大值减小。同样，时间延迟 τ_d 也削弱了 SR 现象。

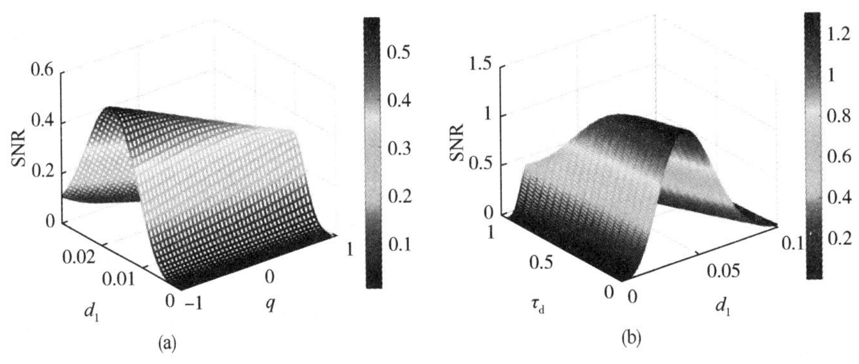

图 5-14 SNR 作为互相关强度 q(a)和时间延迟 τ_d(b)的固有噪声强度 d_1 的函数。其他参数值：$\mu=0.2$、$\sigma=3.0$、$\lambda=1.425$、$d_2=0.001$、$A=0.1$；(a) $\tau_d=0.9$；(b) $q=-0.5$

作为外在噪声强度 d_2 和互相关强度 q、时间延迟 τ_d 函数的 SNR 绘制在图 5-15(a)(b)中。图 5-15 显示 SNR 作为 d_2 的函数仅呈现最大值。随着 q 和 τ_d 值的增加，SNR 的最大值作为 d_2 的函数而减小，即互相关强度 q 和时间延迟 τ_d 减弱了 SR 现象。如图 5-16 所示，针对不同的信号幅度 A 值绘制了作为内在噪声强度 d_1 和外在噪声强度 d_2 的函数的 SNR。这里，当信号幅度 A 的绝对值增加时，会出现最大值。如果 A 的值接近 0，最大值就会消失。换句话说，信号幅度 $|A|$ 增强 SR 现象。

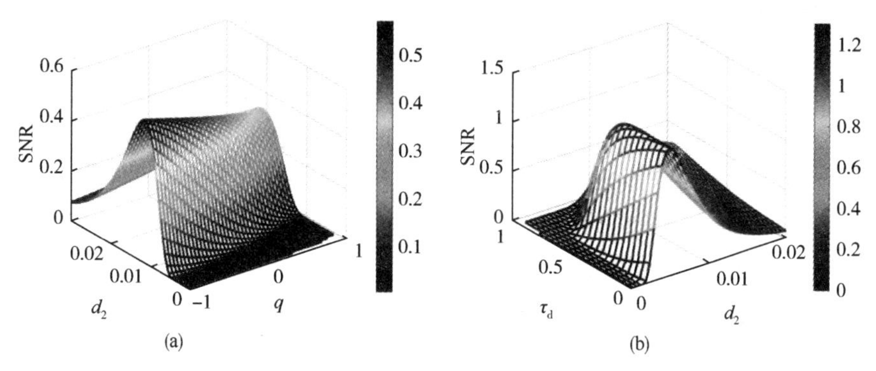

图 5-15　作为互相关强度 q(a)和时间延迟 τ_d(b)的外在噪声强度 d_2 的函数的 SNR。其他参数值为 $\mu=0.2$、$\sigma=3.0$、$\lambda=1.425$、$d_1=0.2$、$A=0.1$；(a) $\tau_d=0.9$；(b) $q=-0.5$

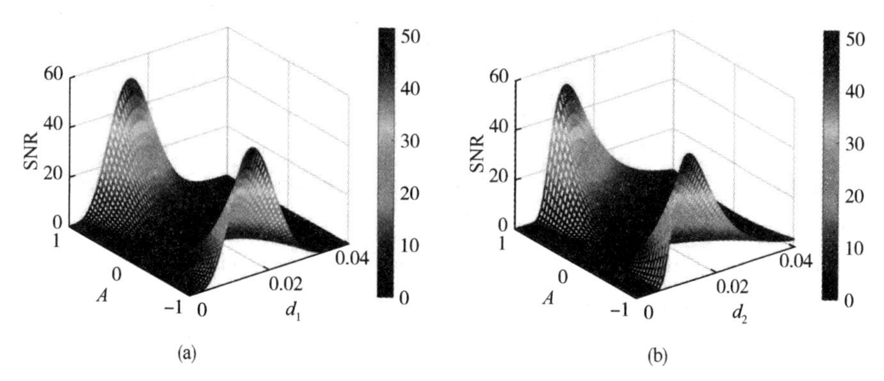

图 5-16　内在噪声强度 d_1(a)和外在噪声强度 d_2(b)的 SNR 与信号幅度 A 的函数关系。其他参数值为 $\mu=0.2$、$\sigma=3.0$、$\lambda=1.425$、$\tau_d=0.9$、$q=-0.5$；(a) $d_2=0.001$；(b) $d_1=0.2$

5.3　本章小结

本章考虑了三种不同的时间延迟，分别为模型Ⅰ、模型Ⅱ和模型Ⅲ，发现噪声和时间延迟会引起稳定状态之间的状态转移，通常转移过程可以进一步随着时间延迟的增加而加速。我们感兴趣的是噪声和时间延迟的协同作用是如何影响两种稳定状态(种群生存状态和灭绝状态)之间的转变的。研究发现 d_1 或 τ_d 可以引起从 n_p 态到 n_e 态的转变。此外，时间延迟 τ_b 和 τ_g 也促进了从 n_p 态到 n_e 态的转变。相反，随着 d_2 或 q 的增加，n_e 态将切换到 n_p 态。换句话说，当 d_2 或 q 增加时，n_p 态的概率密度增强。为了探讨两种状态之间的转化机制，对人群的 STE 进行了研究。研究发现，STE 作为噪声强度(d_1)的函数可以呈现最大值，这表明存在导致最大 STE 的适当噪声强度。这种非单调行为是在许多物理和复杂亚稳态系统中观察到的噪声增强稳定性现象(NES)的特征，以及在存在时间延迟和环境噪声源的群体动力学模型中观察到的噪声增强稳定性现象(NES)。特别是，STE的最大值随着 q(或 τ_d)的增加而增加(或减少)。结果表明：噪声 d_1 和 d_2、互相关强度 q、时间延迟 τ_d 可以引起偏移过程。此外，还分析了互相关强度、时间延迟和信号强度对作为噪声强度函数的信噪比的影响。SNR 作为固有噪声强度的函数表现出最大值，该最大值是 SR 现象的识别特征。q 和 τ_d 的增大使 SR 减弱，反之，在人口系统中是增大的现象。进行了种群数量和灭绝时间的概率分布的数值模拟，与理论结果一致，表明具有时滞和噪声的群体系统的数值模拟是可信的。

总之，时滞和噪声广泛存在于自然界中，并且常常从根本上改变系统的动态特性。结果表明：时间延迟和噪声互相关强度诱导了人口从一种状态转移到另一种状态的概率密度的结构。此外，还研究了不同时延和噪声互相关强度对周期信号的 STE、NES 和 SR 的影响。综上所述，进一步了解时间延迟和互相关强度在该群体模型中的作用，以期这些结果分析能够帮助理解种群模型中的状态转换。

参 考 文 献

[1] RIETKERK M, DEKKER S C, DE RUITER P C, et al. Self-organized patchiness and catastrophic shifts in ecosystems[J]. Science, 2004, 305(5692): 1926-1929.

[2] RIDOLFI L, D'ODORICO P, LAIO F. Noise-induced phenomena in the environmental sciences[M]. Cambridge: Cambridge University Press, 2011.

[3] DENARO G, VALENTI D, COGNATA LA, et al. Spatio-temporal behaviour of the deep chlorophyll maximum in Mediterranean sea: Devel opment of a stochastic model for picophytoplankton dynamics[J]. Ecol. Complex, 2013, 13: 21-34.

[4] GIUFFRIDA A, VALENTI D, ZIINO G, et al. A stochastic interspecific competition model to predict the behaviour of listeria monocytogenes in the fermentation process of a traditional Sicilian salami[J]. Eur. Food Res. Technol, 2009, 228: 767-775.

[5] LIU Q, JIA Y. Fluctuations-induced switch in the gene transcriptional regulatory system[J]. Phys. Rev. E, 2004, 70(4): 041907.

[6] ZHANG D, SONG H, YU L, et al. Setvalues filtering for discrete time-delay genetic regulatory networks with time-varying parameters[J]. Nonlinear Dyn, 2012, 69(1/2): 693-703.

[7] WANG C, YI M, YANG K. Time delay-accelerated transition of gene switch and-enhanced stochastic resonance in a bistable gene regulatory model[J]. In: 2011 IEEE International Conference on Systems Biology(ISB), IEEE, 2011: 101-110.

[8] STEPHENS P A, SUTHERLAND W J. Consequences of the Allee effect for behaviour, ecology and conservation[J]. Trends Ecol. Evolut, 1999, 14(10): 401-405.

[9] KHASIN M, KHAIN E, SANDER L M. Fast migration and emergent population dynamics[J]. Phys. Rev. Lett., 2012, 109: 248102.

[10] ARNOLD L, HORSTHEMKE W, STUCKI J. The influence of external real and white noise on the Lotka-Volterra model[J]. Biomet. J, 1979, 21: 451-471.

[11] BAHAR A, MAO X. Stochastic delay Lotka-Volterra model[J]. J. Math. Anal. Appl., 2004, 292: 364-380.

[12] MANTEGNA R N, SPAGNOLO B. Noise enhanced stability in an unstable system[J]. Phys. Rev. Lett., 1996, 76: 563.

[13] PANKRATOV A L, SPAGNOLO B. Suppression of timing errors in short overdamped Josephson junctions[J]. Phys. Rev. Lett., 2004, 93: 177001.

[14] VALENTI D, FAZIO G, SPAGNOLO B. Stabilizing effect of volatility in financial markets[J]. Phys. Rev. E, 2018, 97: 062307.

[15] SPAGNOLO B, DUBKOV A, AGUDOV N. Enhancement of stability in randomly switching potential with metastable state[J]. Eur. Phys. J. B Cond. Matter Complex Syst., 2004, 40(3): 273-281.

[16] FIASCONARO A, VALENTI D, SPAGNOLO B. Role of the initial conditions on the enhancement of the escape time in static and fluctuating potentials[J]. Phys. A Stat. Mech. Appl., 2003, 325(1/2): 136-143.

[17] MANTEGNA R N, SPAGNOLO B. Probability distribution of the residence times in periodically fluctuating metastable systems[J]. Int. J. Bifurcat. Chaos, 1998, 8(4): 783-790.

[18] GUARCELLO C, VALENTI D, CAROLLO A, et al. Effects of Lévy noise on the dynamics of sine-Gordon solitons in long Josephson junctions[J]. J. Stat. Mech. Theory Exp., 2016, 5: 054012.

[19] RAMÍREZ-PISCINA L, SANCHO J M, HERNÁNDEZMACHADO A. Numerical algorithm for Ginzburg-Landau equations with multiplicative noise: application to domain growth[J]. Phys. Rev. B, 1993, 48(1): 125-131.

[20] FOX R F. Functional-calculus approach to stochastic differential equations[J]. Phys. Rev. A, 1986, 33(1): 467-476.

[21] GARDINER C W. Handbook of stochastic methods[M]. Springer, Berlin, 1985.

[22] HIRSCH J, HUBERMAN B, SCALAPINO D. Theory of intermittency[J]. Phys. Rev. A, 1982, 25(1): 519-532.

[23] DAYAN I, GITTERMAN M, WEISS G H. Stochastic resonance in transient dynamics[J]. Phys. Rev. A, 1992, 46(2): 757-761.

[24] AGUDOV N, SPAGNOLO B. Noise-enhanced stability of periodically driven metastable states [J]. Phys. Rev. E, 2001, 64(3): 035102.

[25] DUBKOV A A, AGUDOV N V, SPAGNOLO B. Noise enhanced stability in fluctuating metastable states[J]. Phys. Rev. E, 2004, 69: 061103.

[26] FIASCONARO A, SPAGNOLO B, BOCCALETTI S. Signatures of noise-enhanced stability in metastable states[J]. Phys. Rev. E, 2005, 72(6): 061110.

[27] VALENTI D, CAROLLO A, SPAGNOLO B. Stabilizing effect of driving and dissipation on quantum metastable states[J]. Phys. Rev. A, 2018, 97(4): 042109.

[28] KRAMERS H A. Brownian motion in a field of force and the diffusion model of chemical reactions [J]. Physica, 1940, 7(4): 284-304.

[29] HORSTHEMKE W. Non-equilibrium dynamics in chemical systems noise induced transitions [M]. Springer, Berlin, 1984: 150-160.

[30] VAN DEN BROECK C, PARRONDO J, TORAL R. Noise induced nonequilibrium phase transition[J]. Phys. Rev. Lett., 1994, 73(25): 3395.

[31] GARCÍA-OJALVO J, SANCHO J. Noise in spatially extended systems [M]. Springer, Berlin, 2012.

第6章　随机延迟作用下的反常输运

对粒子反常输运的研究之前主要集中于空间非对称周期势和正常扩散(如白噪声、色噪声等)。实际系统中，空间对称周期势和反常扩散也是很常见的，关于空间对称周期势系统及反常扩散驱动下的周期势系统中的粒子反常输运问题还有待进一步研究。本章研究了乘性与加性白噪声驱动下对称周期势系统和反常扩散驱动下周期势系统中的粒子反常输运行为，旨在获取这类系统中产生反常输运的物理机制以及发生的条件。

6.1　关联噪声诱导流反转

事实上，噪声之间的关联也能诱导对称周期势中的流反转。对于正(负)关联，粒子的系综平均速度方向随着加性或乘性噪声的强度的增加从正(负)变到负(正)，即流反转现象。此外，流随噪声强度的变化曲线在较小噪声强度呈现一个峰(谷)，在较大噪声强度出现一个谷(峰)。一般地，噪声可拥有内部和外部的噪声源。在一些物理系统中，内部噪声(加性噪声)和外部噪声(乘性噪声)分别来自热涨落和外部环境扰动(如电磁场、外部振动等)。因此对于一个噪声驱动的系统，可以同时考虑加性和乘性噪声。在一些特定的情形下，两个噪声拥有同一个噪声源，会使得两个噪声相互关联。在关联噪声的作用下，系统的动力学特性通常会表现得更为多样化。其中一个很有趣的结果是：当两个噪声关联强度增加时，粒子在双稳系统中的稳态概率分布从双峰结构变成了单峰结构。此外，关联噪声可提高棘齿系统的马达效率。在空间对称周期势中，加性和乘性噪声之间的关联能够诱导粒子的定向输运，其流形成主要原因是：噪声的关联使得空间势朝一个方向倾斜，即破坏空间势的对称性，此时便满足流形成的必要条件。一个周期势系统，通常具有多个不对称性。假设关联噪声和时间不对称同时存在于空间对称周期系统中，系统的流会呈现出什么样的统计特性，到目前为止还未被研究。

6.1.1　模型和理论分析

考虑一个典型的关联噪声驱动下惯性布朗粒子的输运，其无量纲形式的朗之万方程可写为：

$$\ddot{x}+\gamma\dot{x}=-V'(x)+F(t)+\eta(t)+\cos(2\pi x)\xi(t) \tag{6-1}$$

式中，x 为系统的态变量；γ 为系统的阻尼系数。

在这里考虑对称周期势情形，即：

$$V(x)=\sin(2\pi x) \tag{6-2}$$

对称性破缺是周期势系统形成流的一个必要条件。由于这里考虑的空间势是对称的，那么系统的不对称性可来自时间上的不对称。一般地，两个不同频率的周期信号混合可以导致时间的对称性破缺。假设时间不对称驱动具有如下形式：

$$F(t)=A[\cos(\omega t)+\varepsilon\cos(2\omega t+\varphi)] \tag{6-3}$$

式中，A 和 ε 为两个常数；φ 为初始相位。

当 $\varepsilon=0$ 时，系统在时间上是对称的，否则为不对称。式(6-1)中的 $\eta(t)$ 和 $\xi(t)$ 分别表示加性噪声和乘性噪声。这两个噪声之间不总是独立的，有时两者会相互关联。例如，在约瑟夫节中，加性噪声和乘性噪声分别来自热涨落和外部环境扰动(如电磁场的扰动或者外部振荡)。外部的扰动会引起约瑟夫节中分子热振动的变化。这种分子振动的涨落效应会影响加性噪声，使得两者之间产生关联。这里假设 $\eta(t)$ 和 $\xi(t)$ 是两个关联噪声，并满足以下统计性质：

$$\begin{aligned}
&\langle\xi(t)\rangle=\langle\eta(t)\rangle=0\\
&\langle\xi(t)\xi(t')\rangle=2D\delta(t-t')\\
&\langle\eta(t)\eta(t')\rangle=2\alpha\delta(t-t')\\
&\langle\xi(t)\eta(t')\rangle=\langle\xi(t')\eta(t)\rangle=2\lambda\sqrt{D\alpha}\,\delta(t-t')
\end{aligned} \tag{6-4}$$

式中，α 和 D 分别为这两个噪声的强度；λ 为噪声之间的关联强度。

为方便数值计算，使用解耦算法或者随机等效方法对关联噪声进行处理：

$$\xi(t)=\sqrt{D}\,\omega_1(t) \tag{6-5}$$

$$\eta(t)=\lambda\sqrt{\alpha}\,\omega_1(t)+\sqrt{\alpha(1-\lambda^2)}\,\omega_2(t) \tag{6-6}$$

式中，$\omega_1(t)$ 和 $\omega_2(t)$ 为两个独立的均值为零的高斯白噪声。做变换处理后采用龙格库塔方法求解系统的流。

6.1.2 结果与讨论

在这里讨论的周期势系统中，存在两类对称性破缺：一类是由 $F(t)$ 引起的时间上的对称性破缺，另一类是由 $\eta(t)$ 和 $\xi(t)$ 这两个噪声关联引起的破缺。

首先，讨论时间对称情形，即 $\varepsilon=0$。图 6-1(a)和(b)所示为不同关联强度 λ 下，平均速度 $\langle v\rangle$ 随加性噪声强度 α 和乘性噪声强度 D 的变化曲线。从图 6-1(a)和(b)可以看出，关联强度很大程度上影响粒子流的大小和方向。对于正关联情形($\lambda>0$)，$\langle v\rangle$ 随着 α 或 D 的递增先增加到一个正的最大值，而 α 或 D 持续增加又会使得 $\langle v\rangle$ 减小到一个负的最小值，即流反转现象。其他参数不变，关联强度越大，则峰值变得越高，谷会变得越深，即流反转现象被增强。而当 $\lambda<0$ 时，$\langle v\rangle$ 随 α 或 D 的变化曲线表现出和 $\lambda>0$ 情形完全相反的行为。如果两个噪声相互不关联（$\lambda=0$），那么系统不存在定向输运，这是由于系统的对称性没有发生破缺。

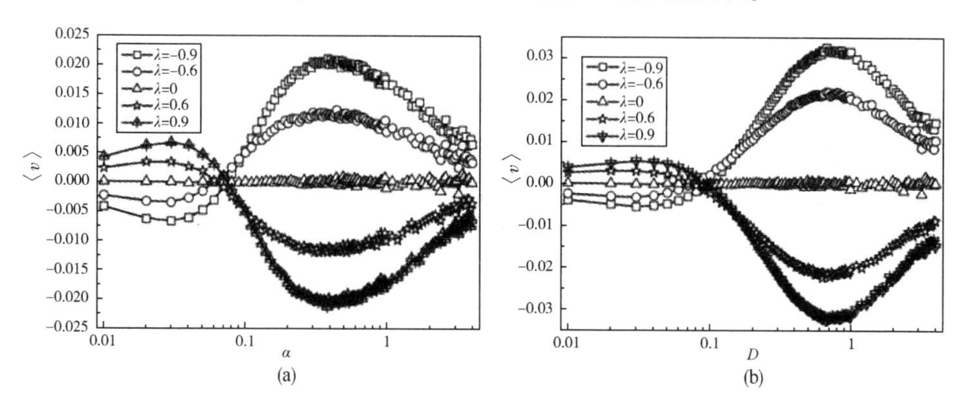

图 6-1　不同关联强度 $\lambda=-0.9$、-0.6、0、0.6、0.9 下平均速度 $\langle v\rangle$ 随加性噪声强度 α(a) 以及乘性噪声强度 D(b) 的变化情况。其他参数为 $A=4.2$、$\omega=4.9$、$\varphi=0$、$\varepsilon=0$、$\gamma=0.9$；(a) $D=0.05$；(b) $\alpha=0.05$

下面将通过广义势函数的方法对流反转发生的物理机制进行定性分析。图 6-2所示为 $\alpha=0.05$ 和 $D=0.05$ 在关联强度为 0.9 时粒子的时间演化图。从图 6-2可以发现，粒子运动呈现出一定的规律：粒子在某个位置振动（标出的 n 段）一段时间以后将朝着 x 轴的正方向做加速运动（标出的 m 段），这使得系统最终形成正向流。借助式（6-1）~式（6-4），该系统的广义势为：

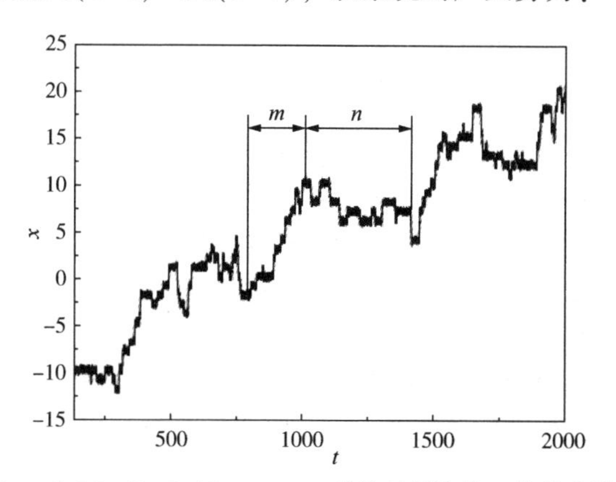

图 6-2　粒子在 $\alpha=0.05$、$D=0.05$、$\lambda=0.9$ 时的时间演化，其他参数与图 6-1 相同

$$V_g(x,\ t)=-\int^{x}\frac{A(y,\ t)}{B(y)}\mathrm{d}y \tag{6-7}$$

$$A(y,\ t)=-2\pi\cos(2\pi y)+F(t)+G(y)G'(y) \tag{6-8}$$

$$B(y)=G(y^2) \tag{6-9}$$

$$G(y)=\alpha+2\lambda\sqrt{D\alpha}\cos(2\pi y)+D\cos^2(2\pi y) \tag{6-10}$$

通过式(6-7)~式(6-10)，可以作出在 $t=nT$，$nT+\frac{T}{4}$，$nT+\frac{T}{2}$，$nT+\frac{3T}{4}$时刻的广义势函数 $V_g(x)$，n 为正整数，T 为时间周期($T=2\omega\pi=1.28$)，见图 6-3(a)~(d)。当粒子位于图 6-3(a)中的点 1 并拥有一个较大的正速度$v_1=0.98$ 时，由于较陡的斜坡，它将沿着斜坡做加速运动。这些动能足以让粒子越过势垒并朝右方向运动一段距离，此后便到达图 6-3(b)中的点 2 并拥有一个较小的正速度 $v_2=0.31$。由于系统的摩擦，此时的动能将被很快消耗完，这使得粒子停留在其邻近的势阱中。因此在$\left[\frac{T}{4}+nT,\ \frac{T}{2}+nT\right]$区间内，粒子只能移动很有限的距离，并到达图 6-3(c)中的点 3。当 $t=\frac{3T}{4}+nT$ 时，由于系统的摩擦粒子再一次被囚禁在势阱中，并在势阱底部做徘徊运动，见图 6-3(d)。因此，在一个周期开始时，如果粒子位于和点 1 相似的位置，那么它将又沿正方向加速，即对应于图 6-2 中的 m 段。一段时间以后，粒子将位于图 6-3(a)中的点 1′并拥有一个较小的负速度$v_1'=-0.13$。由于粒子所处的[图 6-3(c)]空间势比较平坦，以及图 6-3(b)和(d)中的势垒作用，它很容易被锁在相近的势阱中，并在底部振荡，即点 2′~4′。一旦在一个周期开始时，粒子位于和点 1′相似的位置，它将在势阱底部做振荡运动，即对应于图 6-2 中的 n 段。因此在长时演化下，粒子在小噪声强度情形其平均速度为正。而在较大的噪声强度情形，粒子很容易越过势垒并沿着图 6-3(a)~(d)中的空间势运动，这使得系统的流最终为负。由图 6-1(a)可知：随着噪声强度的增加，平均速度的方向从正变化到负，即流反转现象。

当然，流反转现象也受外部周期信号的影响。图 6-4 所示为关联噪声驱动下，不同周期信号振幅 A 对$\langle v\rangle$随 α 的变化曲线的影响。可以看出，当 $A=0$ 时，随着噪声强度 α 的增加，平均速度先减小后增加，最终趋于 0，即不存在流反转现象。随着振幅 A 的增加，在正流区域，逐渐出现一个峰，而在负流区域出现一个谷，即流反转现象。这表明周期信号是流反转存在于这个系统的必要因素。对于较大的振幅 A，谷会消失，并且在正流区域只有一个峰，如果 A 继续增加，则系统的流完全消失。对这个现象进行了一些定性分析：当振幅很大时，除了周期驱动那一项，其他项的作用几乎消失。此时，由于系统的对称性没有破缺，因此系统不存在定向输运。以上结果表明：噪声的关联和外部周期信号是流反转发生的两个必要条件。在数值计算过程中发现不同振幅 A 下$\langle v\rangle$ vs. D 的变化曲线和图 6-2的趋势相似，因此下面固定乘性噪声强度 D 并只讨论$\langle v\rangle$随 α 变化的情形。

接下来讨论 $\varepsilon=0$ 的情形，即系统的时间对称性发生破缺。为了研究时间对称

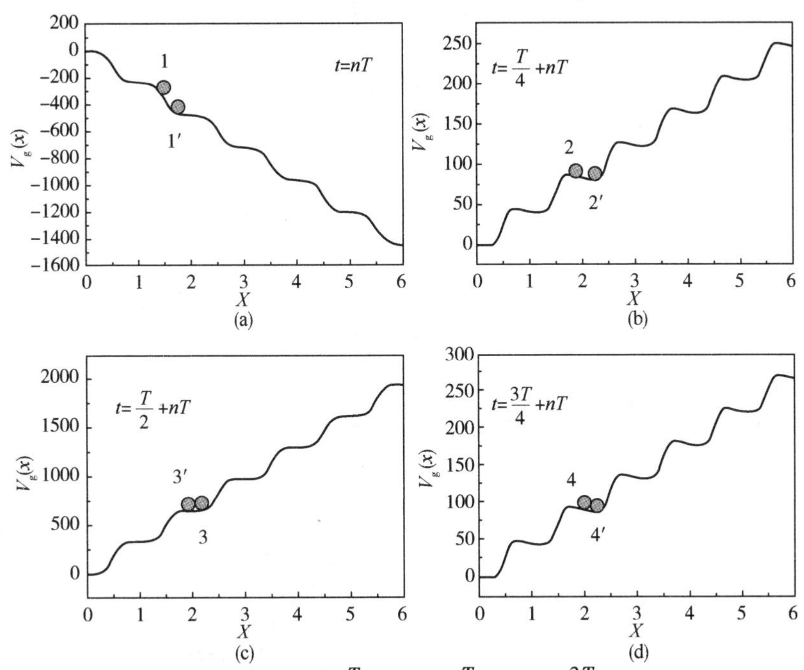

图 6-3 (a)~(d)分别为 $t=nT$，$t=nT+\frac{T}{4}$，$t=nT+\frac{T}{2}$，$t=nT+\frac{3T}{4}$时刻的广义势 $V_g(x)$，周期 $T=2\omega\pi=1.28$。(a)~(d)中的点 1~4 和点 1′~4′分布表示粒子在 m 段和 n 段对应时间的位置。其他参数与图 6-1 相同

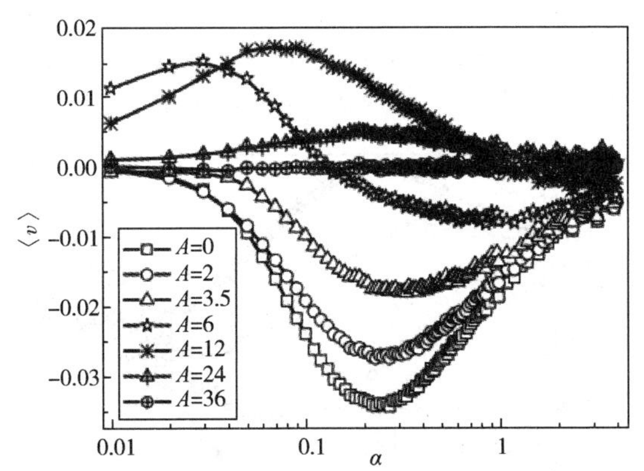

图 6-4 不同振幅 $A=0$，2，3.5，6，12，24，36 下平均速度$\langle v\rangle$随乘性噪声强度 α 的变化情况，$D=0.05$，$\lambda=0.6$，其他参数与图 6-1 相同

性破缺是否会引起流反转，先让两个噪声不关联($\lambda=0$)。图 6-5 所示为在 $\varepsilon=2$ 时，不同初始相位 ϕ 下$\langle v\rangle$随 α 变化的响应行为曲线。当 $\phi=0$ 时，$\langle v\rangle$ vs. α 的曲线只在正流区域出现一个峰，随着 ϕ 的增加，峰逐渐上升。然而，ϕ 的持续增加会使得正

流区域的峰变成负流区域的谷。不管ϕ取何值，随着α的增加，平均速度的方向都不会发生改变。一般地，相位ϕ可以改变系统时间上的对称性，而在$\lambda=0$的情形，流反转的发生与ϕ无关，说明在这个空间对称系统中，时间对称性破缺不能引起流反转，只有在噪声关联的情形下流反转才会发生。因此，在该系统中关联噪声引起的对称性破缺在诱导流反转现象方面起着重要的作用。如果这两个噪声是关联的，那么外部周期信号引起的时间对称性破缺是否会影响流反转现象？图 6-6 所示为在不同ϕ下$\langle v\rangle$随α变化的响应曲线。可以看出，当$\phi=0$时，在小噪声区域该曲线出现一个峰，而在大噪声区域出现一个谷，即流反转现象。随着相位的增加(例如，$\phi=0.5\pi$，π)，峰逐渐消失，而只剩下负流区域的谷，即流反转消失。但是如果相位继续增加(例如，$\phi=1.5\pi$)，流反转现象又会重新出现。因此，在关联噪声情形下外部周期信号引起的时间对称性破缺不仅可以诱导流反转现象，同样也可以使其消失。

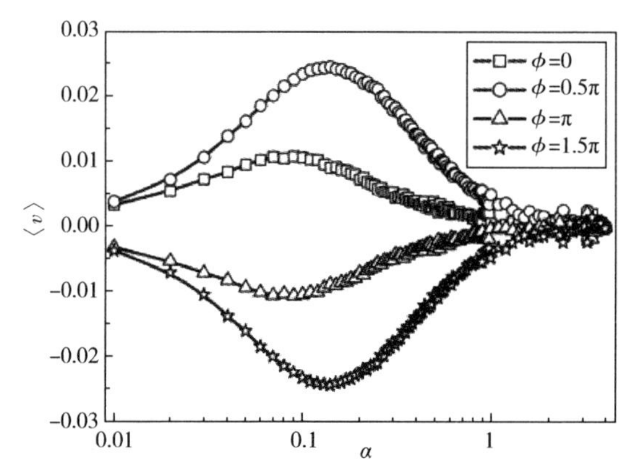

图 6-5　不同相位$\phi=0$、0.5π、π、1.5π下平均速度$\langle v\rangle$随乘性噪声强度α的变化情况。$\varepsilon=2$、$\lambda=0$、$A=3.5$，其他参数与图 6-4 相同

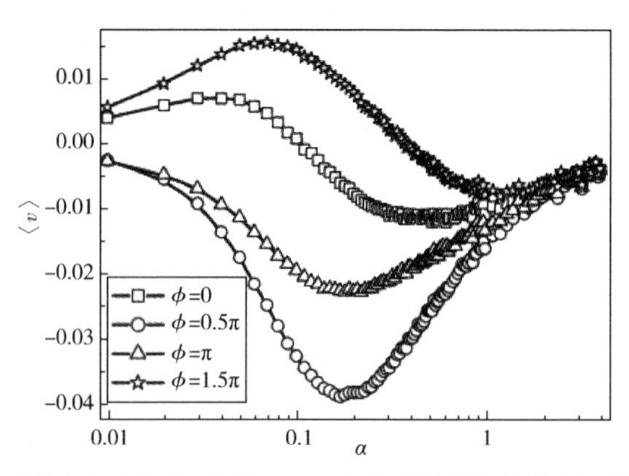

图 6-6　不同相位$\phi=0$、0.5π、π、1.5π下平均速度$\langle v\rangle$随乘性噪声强度α的变化情况。$\lambda=0.6$，其他参数与图 6-5 相同

6.2 反常扩散诱导绝对负迁移

众所周知，非平衡涨落和对称性破缺是周期势系统中形成流的两个重要条件。在某些特定的条件下，周期势系统可能会出现绝对负迁移现象，研究者在理论和实验上都对这种现象进行了研究。但是在之前的研究中，研究者主要关注由高斯白噪声引起的绝对负迁移。有研究者发现在合适的非平衡条件下，由高斯白噪声驱动的经典布朗粒子在二维对称周期系统中存在绝对负迁移现象。当然，在一维对称系统中同样也存在绝对负迁移。此外，还有研究者对一般阻尼布朗粒子的三种反常输运特性进行了研究，并且发现这种绝对负迁移是由共存吸引子、噪声诱导亚稳态以及暂态混沌之间的相互作用引起的。

事实上，高斯噪声是一种理想的随机噪声，而在一些复杂结构中，非高斯特性是不可避免的，并且这种特性可以用 Lévy 统计来描述。Lévy 随机过程可以描述很多不寻常的输运行为。在 Lévy 扩散情形下，粒子的方均位移的长时行为被表征为$\langle [x(t)-x(0)]2\rangle \propto tv$，这里 t 和 v 分别指代时间和反常扩散指数。$v<1$，$v=1$和 $v>1$ 分别对应于次扩散、正常扩散和超扩散。典型的 Lévy 飞行就属于超扩散的一种。在过去的研究中，反常扩散行为引起了人们关注，并且在各种各样的领域中被发现，例如物理以及相关的一些学科。在基因网络系统中也发现 Lévy 噪声可以起到基因开关的作用。此外，Lévy 噪声还可以诱导双稳系统中的随机共振现象。但是，其稳态指数的减小会导致很大的涨落以及重尾现象，这使得粒子在两个势阱之间的跳跃更加频繁，而导致随机共振的减弱。除了稳态指数外，对称参数也是 Lévy 噪声的一个重要参量，它会影响噪声的对称性，但是其对系统性能的影响是有限的。当然，Lévy 噪声不仅对双稳系统有作用，还可以打破周期势系统的热平衡并且诱导粒子定向输运行为。

针对双稳系统中，乘性 Lévy 噪声会带来一些现象，比如重尾分布，而在周期势系统中，乘性 Lévy 噪声如何影响定向输运行为仍有待研究，本节将着重讨论乘性 Lévy 噪声驱动下空间对称周期势中的布朗粒子反常输运问题，并研究了乘性 Lévy 噪声对系统绝对负迁移的影响。

6.2.1 模型和理论分析

考虑一个处在时间依赖周期势中的布朗粒子，并在外部无偏时间周期力 $A\cos(\omega t)$ 和外部偏力 F 的作用下，其无量纲形式的朗之万方程可写为：

$$\ddot{x}+\gamma\dot{x}=-aV'(x)+A\cos(\omega t)+F \tag{6-11}$$

式中，x 为系统态变量；γ 为阻尼系数；a 为空间势函数的一个参量；$V(x)$ 为系统空间势函数；A 和 ω 分别为时间周期力振幅和频率。当考虑外部环境导致系统空间势涨落时，参量 a 可变成 $a+\zeta(t)$，这里 $\zeta(t)$ 是一个随机噪声，为了方便起见，让 $a=1$。因此式(6-11)可以重新写为：

$$\ddot{x}+\gamma\dot{x}=-V'(x)+A\cos(\omega t)+F-V'(x)\zeta(t) \tag{6-12}$$

众所周知，反常扩散普遍存在于真实系统中，而 Lévy 噪声是一种典型的反常扩散，所以这里假设 $\zeta(t)$ 为 Lévy 噪声。它主要有 3 个参数，噪声强度 σ、对称参数 β 以及稳态指数 α。它对应概率密度函数 $L_{\alpha,\beta}(\zeta;\ \sigma,\ \mu)$ 可用特征函数 $\phi(\theta)$ 表示：

$$\phi(\theta)=\int_{-\infty}^{+\infty}\mathrm{d}\zeta\ \mathrm{e}^{-i\theta\zeta}L_{\alpha,\ \beta}(\zeta;\ \sigma,\ \mu)$$

$$=\begin{cases}\exp\left[-\sigma^{\alpha}|\theta|^{\alpha}\left(1-i\beta\mathrm{sign}(\theta)\tan\dfrac{\pi\alpha}{2}\right)+i\mu\theta\right], & \alpha\neq 1\\ \exp\left[-\sigma|\theta|\left(1+i\beta\mathrm{sign}(\theta)\dfrac{2}{\pi}\right)\ln|\theta|+i\mu\theta\right], & \alpha=1\end{cases} \tag{6-13}$$

式中，μ 为位置参数，当分布严格稳定时其值为 0。这里只考虑 $\mu=0$ 情形，也就是其稳态分布没有任何漂移区域。稳态指数代表粒子扩散强度，其取值范围为 $\alpha\in(0,\ 2]$。对于较小的稳态指数，通过数值计算发现 Lévy 噪声不能引起明显的绝对负迁移现象，这是因为较小的 α 会导致很大涨落以及重尾现象，这会使得在数值计算过程中，很难得到稳态流。除了稳态指数外，对称参数 β 也是 Lévy 噪声的一个重要参数，它反映 Lévy 噪声分布的对称性，取值范围在 $-1\sim1$。当 $\beta=0$ 时，Lévy 噪声是对称的，反之则为不对称。

引入新的变量 $x=v$，其表示粒子的瞬时速度，那么式(6-12)可重新写为：

$$\dot{x}=v \tag{6-14}$$

$$\dot{v}=-\gamma v-V'(x)+A\cos(\omega t)+F-V'(x)\zeta(t) \tag{6-15}$$

对于一般阻尼的非线性系统，很难得到系统流的解析解，但是可以通过直接求解朗之万方程式(6-14)和式(6-15)来得到流的数值解。数值算法如下：

$$x(t+h)=x(t)+v(t)h \tag{6-16}$$

$$v(t+h)=v(t)+[-\gamma v-V'(x)+A\cos(\omega t)+F]h-V'(x)h^{\frac{1}{\alpha}}\eta(t) \tag{6-17}$$

式中，h 为数值计算的时间步长；α 为 Lévy 噪声稳态指数；$\eta(t)$ 为利用 Janicki-Weron 算法产生的 Lévy 随机变量。为了更好地研究 Lévy 噪声对绝对负迁移的影响，式(6-12)中的空间势 $V(x)$ 被设定为对称势，即：

$$V(x)=\sin(2\pi x) \tag{6-18}$$

6.2.2 结果与讨论

根据式(6-16)~式(6-18)，便可求得系统的稳态流，从而研究 Lévy 噪声各个参数是如何影响周期势系统的绝对负迁移的，数值计算结果如图 6-7~图 6-13 所示。

首先来讨论对称 Lévy 噪声情形，即 $\beta=0$。图 6-7 所示为布朗粒子在不同外部偏力 F 作用下的时间演化，这些时间演化的轨迹非常接近于一条直线，这说明该粒子在演化的过程中已经达到非平衡稳态，因此直线的斜率就可以作为粒子的平均速度。从图 6-7 中还发现，外部偏力对平均速度 $\langle v\rangle$ 的影响很大。当 $F=0$ 时，由于系统在空间和时间上都是对称的，所以平均速度为零。反之，系统的对称性发生破缺从而形成净流。对于较小的正偏力 F(例如，$F=0.08$)，粒子的平均速度 $\langle v\rangle$ 小于零。这说明在这个力的作用下，粒子可以反抗外力并朝着与外力相反的方向运动，即绝对负迁移现象。但是随着 F 的增加，例如 $F=0.14$，平均速度又近似为零。随着 F 的继续增加，粒子沿着外力的相同的方向运动。

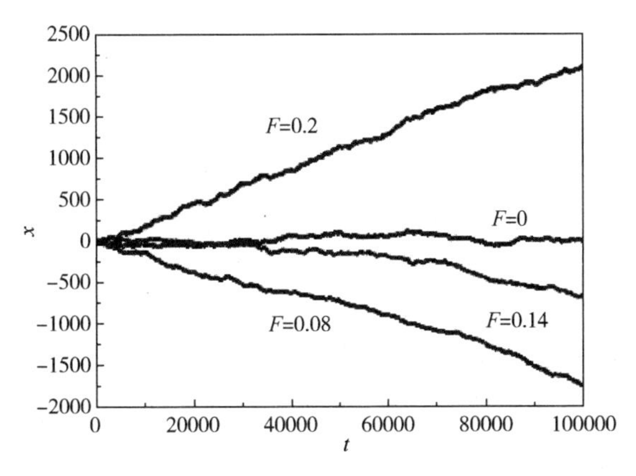

图 6-7 不同外部偏力 $F=0$、0.08、0.14、0.2 下粒子的时间演化。其他参数为 $\alpha=1.5$、$\sigma=0.003$、$\beta=0$、$A=4.2$、$\omega=4.9$、$\gamma=0.9$、$\lambda=0.6$。初始条件为 $t=0$、$x_0=0$、$\frac{\mathrm{d}x_0}{\mathrm{d}t}=0$

Lévy 噪声主要有三个重要的参数：噪声强度 σ、稳态指数 α 以及对称参数 β。首先讨论其噪声强度对绝对负迁移的作用。图 6-8 刻画的是平均速度 $\langle v\rangle$ 随 F 在不同的噪声强度 σ 下的变化。可以发现，Lévy 噪声的噪声强度很大程度上影响系统的输运。在确定性情形下，也就是噪声强度为零时，在较小的偏力作用下粒子的平均速度几乎为零。这是由于较小的偏力不足以让粒子跳出势阱，或者也可以解释为：在确定性情形下这个系统不是混沌的，粒子缺乏扰动，所以也不能越过势垒。而当偏力较大时，其平均速度随 F 的变化呈线性增长。当 Lévy 噪声作用于该系统时，粒子的运动发生明显的变化。在噪声强度 $\sigma=0.003$ 时，随着偏力的增加，粒子的平均速度先减小后增加。换句话说，这个系统从正常输运转变为反常输运，而这个反常输运就是绝对负迁移现象。因此，在周期势系统中，Lévy 噪声对于诱导绝对负迁移的发生起着重要的作用。当然，太大的噪声会使得粒子淹没在其中，反常输运现象消失。

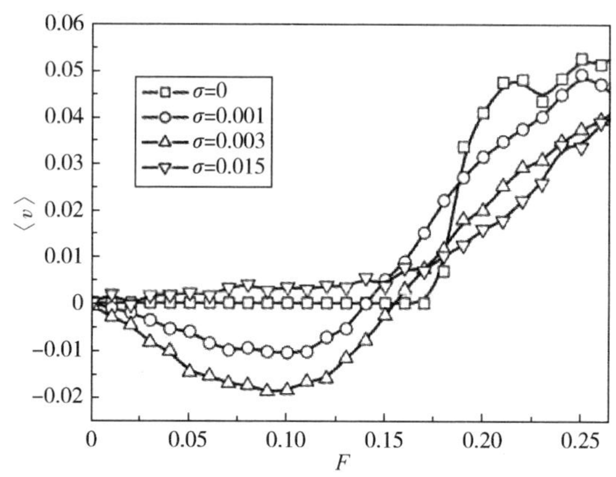

图 6-8　不同噪声强度 $\sigma=0$、0.001、0.003、0.015 下平均速度 $\langle v\rangle$ 随外部偏力 F 的变化情况。$\lambda=0.6$，其他参数与图 6-7 相同

图 6-9 所示为平均速度 $\langle v\rangle$ 随偏力 F 在不同稳态指数 α 下的变化。可以看出，稳态指数对该系统的绝对负迁移起着重要的作用。随着 α 增加，绝对负迁移效应先变得越来越明显，而后逐渐削弱，最后负迁移消失并且系统回到正常输运状态。换句话说，这里的绝对负迁移只发生在超扩散情形，而消失在正常扩散情形。这可以理解为：在超扩散情形，布朗粒子拥有足够的扩散速度，因此可以越过周期势垒，并在时间周期力的作用下可沿着外部偏力相反的方向运动，从而形成反常输运。然而在正常扩散情形，由于较慢的扩散速度，粒子很难去反抗外部偏力的作用。根据式(6-17)中的扰动项 $h^{\frac{1}{\alpha}}\eta(t)$ $(h=0.001\ll 1)$，可以发现当 α 的取值很小时，这个扰动项很弱，因此噪声对系统的作用可以忽略。因此，随着稳态指数 α 的逐渐减小，绝对负迁移效应逐渐减小，只有在合适的稳态指数下，Lévy 噪声才能引起绝对负迁移效应。这一观点同样也可以从图 6-9 的小窗口中证实，图 6-9 的小窗口表示平均速度 $\langle v\rangle$ 随 α 的变化在 $F=0.35$ 的响应曲线，很容易看出 $\langle v\rangle$ 随 α 的变化曲线存在一个谷，这说明合适的 α 可以很大程度上增加系统的负流。

当 $\beta=0$ 时，Lévy 噪声是不对称的，通常情况下对称性破缺作为一个形成流的重要条件，也会影响系统的反常输运效应。文献[19]中提到绝对负迁移的发生依赖于外部周期信号的振幅和频率，因此这里选择合适的周期信号参数来讨论 Lévy 噪声的对称参数对系统输运的作用。图 6-10 所示为 $\langle v\rangle$ 随 F 变化在不同 β 的响应曲线。可知：在 $\beta=1$ 时，平均速度随 F 的变化呈线性增长，系统不存在绝对负迁移现象。而随着 β 的减小，明显的绝对负迁移现象逐渐呈现出来。因此，对于合适的系统参数，在小偏力作用下 Lévy 噪声的对称性同样可以诱导绝对负迁移效应。下面，对图 6-10 的结果进行定性分析。在 $\alpha>1$ 时，当 $\beta<0$，Lévy 噪声的概率质量会朝正方向偏移，而当 $\beta>0$，其朝负方向偏移。对于这里所考虑的系统，扰动项为$-V'(x)\zeta(t)$，对于$\beta<0$，Lévy 噪声的对称性破缺会使得$-V'(x)\zeta(t)<0$的概率大于$-V'(x)\zeta(t)>0$的概率。这使得$-V'(x)\zeta(t)$的长时平均小于零，相当于对系统作用一个负的偏力，所以在正偏力很小时，系统仍存在负的净流。当$\beta>0$时，粒子的平均速度随着F的增加呈线性增长的趋势。综上所述，可以推断当$\beta>0$时，绝对负迁移现象会出现在$F<0$的区域。

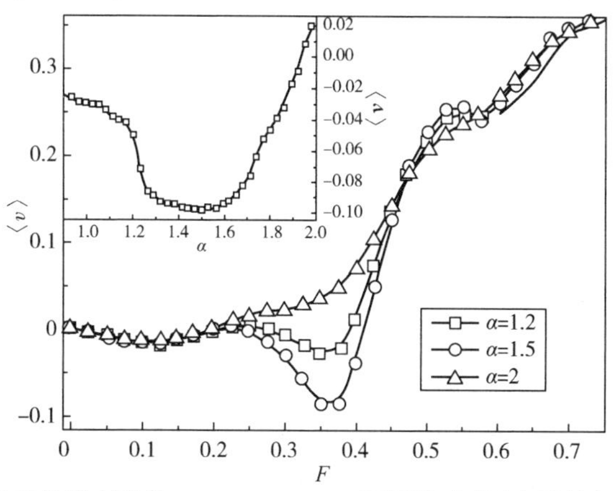

图 6-9　不同 Lévy 噪声的稳态指数$\alpha=1.2$、1.5、2 下平均速度$\langle v\rangle$随外部偏力F的变化情况。其中左上角的插图为在$F=0.35$时平均速度$\langle v\rangle$随α的变化情况。其他参数与图 6-7 相同

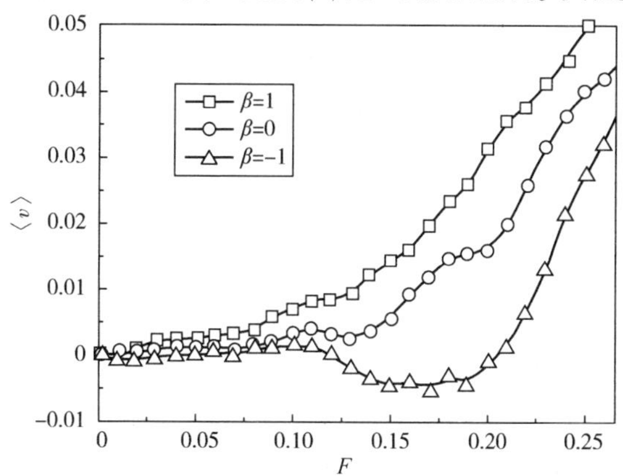

图 6-10　不同 Lévy 噪声的对称参数$\beta=1$、0、-1下平均速度$\langle v\rangle$随外部偏力F的变化情况。$A=4.27$，$\sigma=0.001$，其他参数与图 6-7 相同

下面根据该系统的广义势函数来分析绝对负迁移发生的内在物理机制。根据式(6-12)，可以得到广义势函数为$U(x)=\sin 2\pi x-(A\cos(\omega t)+F)x$。图 6-11 所示为粒子在$\alpha=1.5$和$\alpha=2$时的时间演化，其演化时间为外部加性信号的几个时间周期$T(T=2\omega\pi=1.28)$。由图 6-11 可知：Lévy 噪声的稳态指数会影响粒子的运动。当$\alpha=1.5$时，粒子在某些位置振荡一段时间以后朝t轴的负方向做加速运动，这使得粒子的平均速度最终为负；而当$\alpha=2$时，粒子朝t轴的正方向运动。

根据 $U(x)$ 的表达式可以给出在 $t=nT$，$\frac{T}{4}+nT$，$\frac{T}{2}+nT$，$\frac{3T}{4}+nT$ 时刻系统的广义势函数，图 6-12 和图 6-13 分别为在 $\alpha=1.5$ 和 $\alpha=2$ 时的广义势。首先讨论在 $\alpha=1.5$ 时粒子的运动。当 $t=nT$ 时，粒子位于点 1，并拥有一个负速度，从图 6-12(a)可以看出，此时广义势向右倾斜，所以粒子将被减速。到 $t=\frac{T}{4}+nT$ 时，粒子被囚禁在势阱底部，即图 6-12(b)中点 2 的位置。在 $t=T/2+nT$，广义势向左倾斜，这使得粒子向左运动并到达图 6-12(c)中的点 3。此后广义势向右倾斜，使得粒子在 $t=\frac{3T}{4}+nT$ 时刻到达图 6-12(d)中的点 4 并拥有一个正速度。在这个周期内，粒子移动的距离很有限。在下一个周期，粒子到达图 6-12(a)中的点 1′，并获得一个正速度，该正速度使得粒子有足够的动能朝右运动并停在点 2′。然后它将沿着斜坡朝左加速。在下个半周期，它相继到达点 3′和 4′并继续朝左加速，最终，在 $\alpha=1.5$ 时，粒子在长时演化下，其平均速度为负。在没有外部偏力的情形下，由于系统在空间和时间上都没发生对称性破缺，因此不存在定向输运。而对于较大的偏力，粒子将沿着外力的方向运动从而形成正向流。因此，随着偏力 F 的增加，系统的流先减小后增加，即绝对负迁移现象。然而当 $\alpha=2$时，在一个周期的开始，粒子将到达图 6-13(a)中的点 1 并拥有一个正速度。然后它朝右运动并停留在图 6-13(b)点 2 的位置。在 $t=\frac{T}{2}+nT$，它将沿着斜坡往左加速并到达图 6-13(c)中的点 3。此后广义势向右倾斜，对应的斜坡变得越来越陡，这使得粒子会被减速并停留在图 6-13(d)中点 4 的位置。在下个周期开始时，粒子所停留的斜坡会让它获得较大的正速度并到达图 6-13(a)中的点 1′。当 $t=\frac{T}{4}+(n+1)T$ 时，它位于图 6-13(b)中的点 2′并又被加速。从图 6-13(c)和(d)中

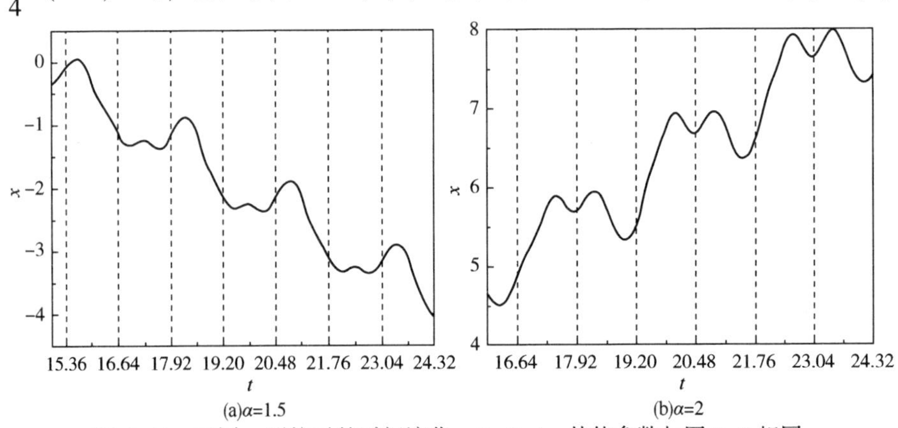

图 6-11　不同 α 下粒子的时间演化，$F=0.4$，其他参数与图 6-7 相同

可以看出，广义势向左倾斜，这使得粒子被减速并在 $t=\frac{3T}{4}+(n+1)T$ 时停留在点 4′的位置，其相邻的势阱让粒子很快陷入底部。最终系统形成正向流。

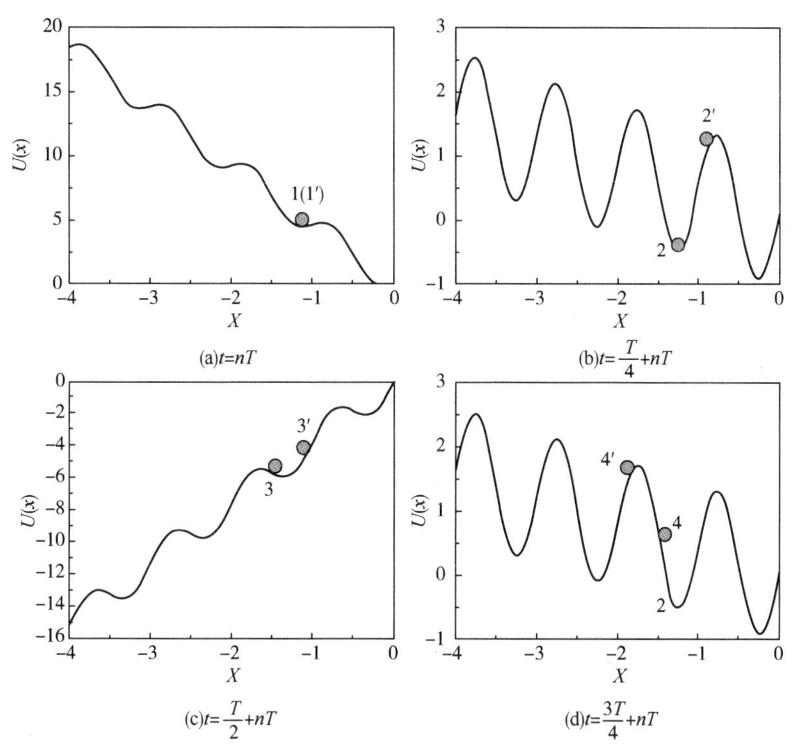

图 6-12　不同时刻系统的广义势函数，其中周期 $T=2\omega\pi=1.28$。点 1~4 和点 1′~4′分别为粒子在上一周期和下一周期所处的位置，$\alpha=1.5$。其他参数与图 6-9 相同

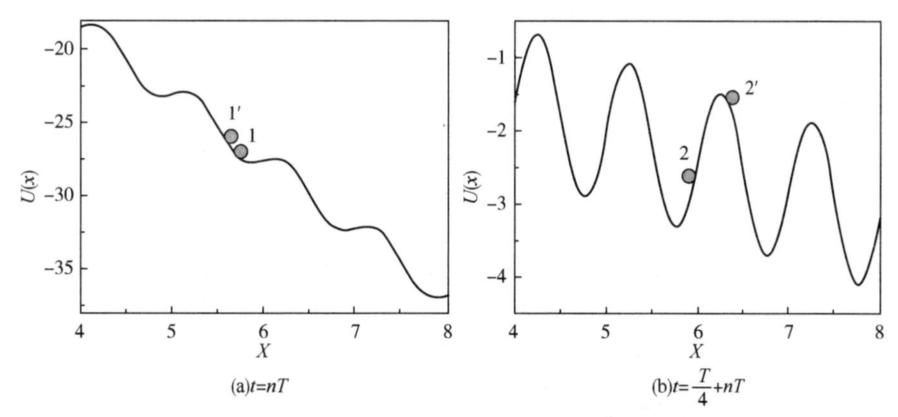

图 6-13　不同时刻系统的广义势函数，其中周期 $T=2\omega\pi=1.28$。点 1~4 和点 1′~4′分别为粒子在上一周期和下一周期所处的位置，$\alpha=2$。其他参数与图 6-9 相同

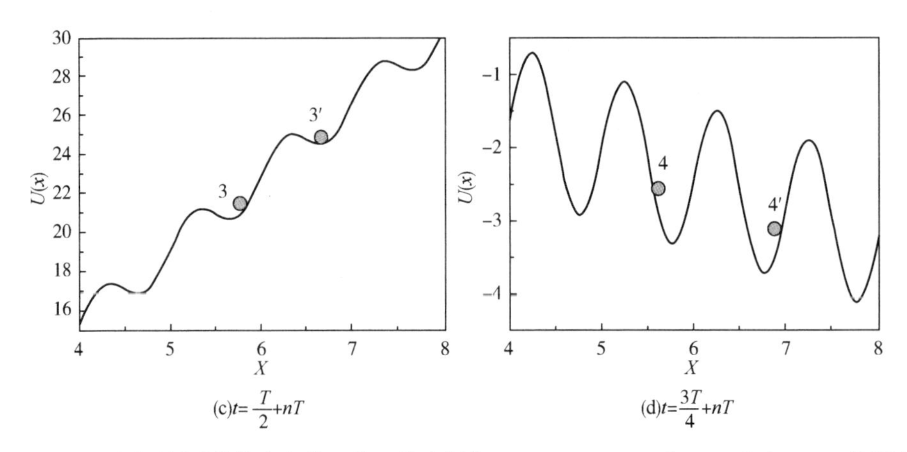

图 6-13　不同时刻系统的广义势函数，其中周期 $T=2\omega\pi=1.28$。点 1~4 和点 1′~4′分别为粒子在上一周期和下一周期所处的位置，$\alpha=2$。其他参数与图 6-9 相同(续)

6.3　时间延迟和反常扩散诱导反常输运

流反转作为一种重要的反常输运现象，因在粒子分离、细胞内输运以及约瑟夫节点输运等方面有着重要的应用而受到广泛关注。在棘齿系统中，噪声可以诱导流反转现象的发生，当然，流反转也可以发生在确定性情形。除了噪声诱导的流反转，空间势的形状同样可以使得系统流的方向发生改变。如果空间势是对称的，时间对称性破缺能够引起流的方向发生多次的改变，例如，当两个外部简谐周期信号叠加时，其振幅的增加可以诱导多次流反转现象。此外，流反转还可以发生在时间延迟系统中，在文献[40]中，发现时间延迟可让流反转现象发生一次，而时间延迟系统中的多次流反转现象目前为止还未被报道过。

众所周知，高斯噪声是一种理想的随机噪声，而在一些复杂结构中，非高斯特性是不可避免的并且这种特性可以用 Lévy 统计来描述。到目前为止，关于 Lévy 噪声的研究主要应用于金融、统计力学、信号处理等方面。但是反常扩散诱导的绝对负迁移还没被研究。Lévy 噪声在诱导绝对负迁移现象方面起着非常重要的作用。除噪声外，时间延迟效应也普遍存在于自然界中，因此在各类动力系统中也不能被忽略。在本节中，同时考虑时间延迟和反常扩散使这里所考虑的系统更具真实性。本节讨论了 Lévy 噪声和时间延迟驱动下棘齿周期系统的反常输运问题，并研究了时间延迟效应和 Lévy 噪声对系统流反转以及绝对负迁移的影响。

6.3.1　模型和理论分析

考虑周期驱动力 $A\cos(\omega t)$ 和外部偏力驱动下时间延迟周期系统中的惯性粒

子，其对应的无量纲形式的动力学方程可写为：

$$\ddot{x}(t)+\gamma\dot{x}(t)=af(x, x_\tau)+A\cos(\omega t)+F \tag{6-19}$$

式中，$x(t)$为态变量；γ为阻尼系数；$f(x, x_\tau)$为空间周期力；a为常数。这里假设$f(x, x_\tau)=2\pi\cos[2\pi x(t-\tau)]+b\pi\cos[4\pi x(t)]$，$x(t-\tau)$为在$t-\tau$时刻的态变量，$\tau$则为延迟时间。$b$为空间周期势的对称参数，将其固定为0.2，使得$\tau=0$时，系统的空间势为棘齿形式。如果存在外部环境影响该系统，则会造成空间周期力的扰动，即$a+\zeta(t)$。此时，式(6-19)重新写成：

$$\ddot{x}(t)+\gamma\dot{x}(t)=f(x, x_\tau)+A\cos(\omega t)+F+f(x, x_\tau)\zeta(t) \tag{6-20}$$

式中，$f(x, x_\tau)\zeta(t)$为乘性噪声。由于反常扩散存在于许多真实系统中，因此将$\zeta(t)$作为Lévy噪声，以此来反映系统的涨落。Lévy噪声有3个重要的特征参数，即稳态指数α、对称参数β和噪声强度σ。这里将$L_{\alpha,\beta}(\zeta; \sigma, \mu)$作为$\zeta(t)$的概率密度函数，并且其特征函数$\phi(\theta)$为：

$$\phi(\theta)=\int_{-\infty}^{+\infty}\mathrm{d}\zeta \mathrm{e}^{-i\theta\zeta}L_{\alpha,\beta}(\zeta; \sigma, \mu)$$

$$=\begin{cases}\exp\left[-\sigma^{\alpha}|\theta|^{\alpha}\left(1-i\beta\mathrm{sign}(\theta)\tan\dfrac{\pi\alpha}{2}\right)+i\mu\theta\right], & \alpha\neq 1\\ \exp\left[-\sigma|\theta|\left(1+i\beta\mathrm{sign}(\theta)\dfrac{2}{\pi}\right)\ln|\theta|+i\mu\theta\right], & \alpha=1\end{cases} \tag{6-21}$$

式中，μ为位置参数，并代表分布的偏移，当分布非常稳定时其值为零。$\zeta(t)$的方均位移为$\langle[x(t)-\langle x(t)\rangle]2\rangle\propto t\dfrac{2}{\alpha}$。当$\alpha=2$时，$\zeta(t)$则回到正常扩散；而$\alpha<2$时为超扩散，即Lévy飞行。在本节中发现，在某些参数情形下，反常输运仅发生在超扩散区域而消失在正常扩散$(\alpha=2)$区域。当稳态指数$\alpha<1$时，有研究者发现较小的α会导致较大的涨落和重尾现象，因此系统很难达到非平衡稳态。而Lévy噪声的对称参数β对系统性能的影响很有限。所以这里考虑的情形为$\alpha\in(1, 2]$，$\beta=0$。

6.3.2 结果与讨论

借助式(6-20)、式(6-21)，可求得粒子的平均速度，结果如图6-14~图6-18所示。图6-14所示为$\alpha=1.5$，$F=0.45$时不同延迟时间τ下粒子的时间演化图。这些时间演化的轨迹非常接近于一条直线，说明该粒子在演化的过程中已经达到非平衡稳态，因此直线的斜率就可以作为粒子的平均速度。从图6-14可知：平均速度$\langle v\rangle$很大程度上受到延迟时间τ的影响。当延迟时间τ增加时，粒子的运动方向经历负→正→负→正的过程，即时间延迟诱导多次流反转现象。图6-15所示为不同稳态指数α下平均速度$\langle v\rangle$随延迟时间τ的变化曲线。可以很明显地看出流的方向发生 3 次改变。此外还发现多次流反转发生在超扩散区域，而消失于正常扩散区域（$\alpha=2$）。随着 α 的增加，曲线$\langle v\rangle$ vs. τ 中最低的谷先下降，随后上升。另一个动力学行为是$\langle v\rangle$ vs. τ 的曲线先做准周期振荡随后趋于一个恒定的值。下面对这个行为进行定性分析。根据系统的空间周期力 $f(x, x_\tau)$，可以很容易看出在 $\tau=0$ 时，空间势是棘齿形式，而当 $\tau\to\infty$ 时，由于 $f(x, x_\tau)$ 中的时间延迟项将失去作用，这使得空间势变为对称形式。因此延迟时间的改变可调控空间势的棘齿程度。空间势的棘齿程度、周期驱动力、Lévy 噪声以及外部偏力之间的配合决定了系统流的大小和方向。当其他参数保持不变时，调节延迟时间能够诱导多次流反转现象。曲线$\langle v\rangle$ vs. τ 的准周期振荡行为为多次流反转的发生提供可能性。在 $\tau\to\infty$ 的情形，即空间对称周期势，系统的正流主要由外部正偏力决定。

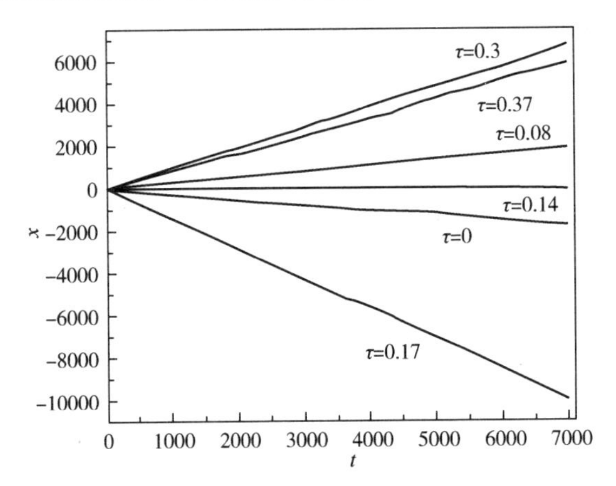

图 6-14　不同延迟时间 $\tau=0$、0.08、0.14、0.17、0.3、0.37 下粒子的时间演化图。其他参数为 $\alpha=1.5$、$\sigma=0.001$、$\beta=0$、$A=4.2$、$\omega=4.9$、$\gamma=0.9$、$F=0.45$ 以及 $b=0.2$

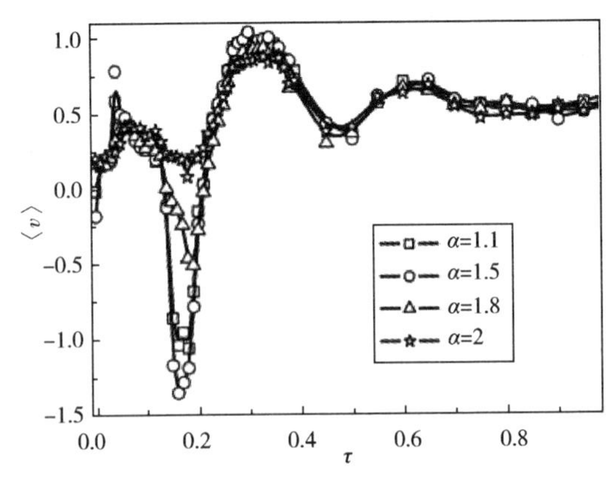

图 6-15　不同稳态指数 $\alpha=1.1$、1.5、1.8、2 下平均速度$\langle v\rangle$随延迟时间 τ 的变化情况。其他参数与图 6-14 相同

事实上多次流反转的发生也受外部偏力的影响。图 6-16 所示为不同外部偏力 $F=0$，0.25，0.45，0.6，0.7 下平均速度$\langle v\rangle$随延迟时间τ的变化曲线。结果表明：外部偏力取某些特定的值时，多次流反转现象才能发生。当$F=0$时，$\langle v\rangle$ vs. τ几乎为一条水平线，流没有发生任何的反转。随着偏力的增加(例如，$F=0.45$)，多次流反转现象变得越来越明显，然而偏力的持续增加，又导致多次流反转现象的消失。因此合适的外部偏力也是该系统中多次流反转现象发生的必要条件之一。

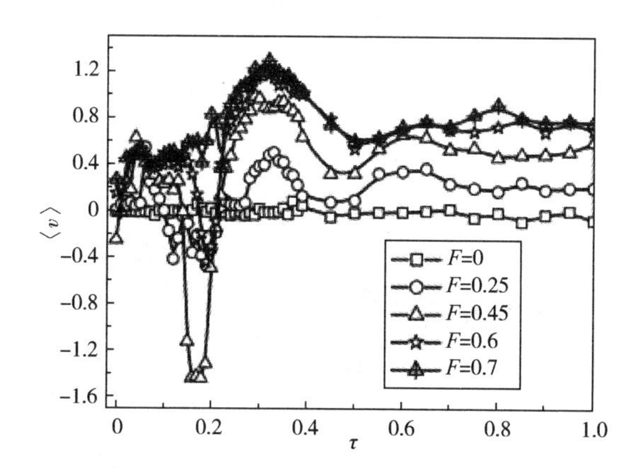

图 6-16　不同外部偏力 $F=0$、0.25、0.45、0.6、0.7 下平均速度$\langle v\rangle$随延迟时间τ的变化情况，$\alpha=1.5$。其他参数与图 6-15 相同

从图 6-15 可以看出，对于 $F>0$，粒子的平均速度可小于零，这说明在该系统中可能存在绝对负迁移现象。图 6-17 所示为不同延迟时间下平均速度$\langle v\rangle$随外部偏力 F 的变化曲线。可知：时间延迟能够引起系统的反常输运。在$\tau=0$时，$\langle v\rangle$随 F 的增加呈线性增长，即正常输运。而随着τ的增加，$\langle v\rangle$先减小后增加。换句话说，时间延迟效应可诱导绝对负迁移现象。在τ增加到一个较大值时，绝对负迁移现象将会消失，系统回到正常输运状态。综上所述，延迟时间可调控空间势的棘齿程度，那么这里的绝对负迁移现象来自空间棘齿势、周期驱动力、Lévy 噪声三者之间的相互配合。当其他参数不变时，空间势的棘齿程度在诱导反常输运发生方面有着重要的作用。所以可推断出存在其他延迟时间也能够诱导绝对负迁移的发生。图 6-18(a)和(b)所示为在其他参数改变的情形下，不同的延迟时间对曲线$\langle v\rangle$随 F 的响应变化。从图 6-18(a)和(b)可知：调节延迟时间会使系统发生多次态变，即反常输运→正常输运→反常输运→正常输运→反常输运→正常输运。当$\tau=0.035$或$\tau=0.05$时，绝对负迁移现象甚至可发生在正流区域。

当然，除了以上因素以外，Lévy 噪声作为定向输运的其中一个重要成分，同样也会影响绝对负迁移现象。图 6-19(a)和(b)所示为 $\tau=0$ 和 $\tau=0.14$ 时不同稳态指数 α 对曲线 $\langle v\rangle$ 随 F 变化的影响。由图 6-19(a)和(b)可知：不管系统是否存在时间延迟，绝对负迁移现象都存在于该系统中，但是其发生取决于 Lévy 噪声的稳态指数。对于正常扩散情形($\alpha=2$)，平均速度随偏力的增加呈线性增长，不存在绝对负迁移现象。但在超扩散情形(例如，$\alpha=1.5$)，该系统中出现一个明显的绝对负迁移现象，此外，选择最佳的稳态指数 α 可增强绝对负迁移效应，而在时间延迟的作用下，绝对负迁移现象可被明显地增强。

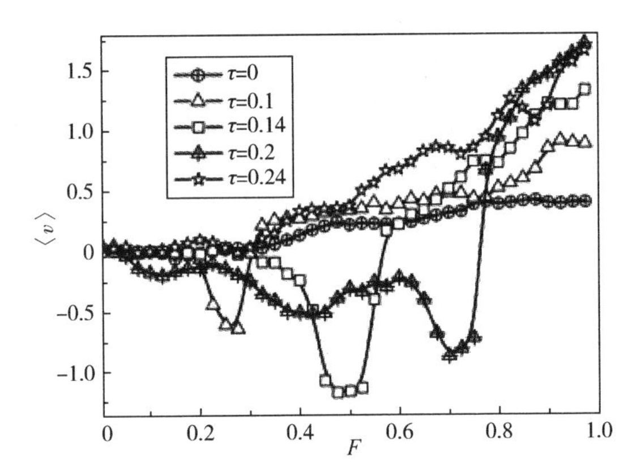

图 6-17　不同延迟时间 $\tau=0$、0.1、0.14、0.2、0.24 下平均速度 $\langle v\rangle$ 随外部偏力 F 的变化曲线，$\alpha=1.5$、$A=4.6$、$\omega=4.9$。其他参数与图 6-15 相同

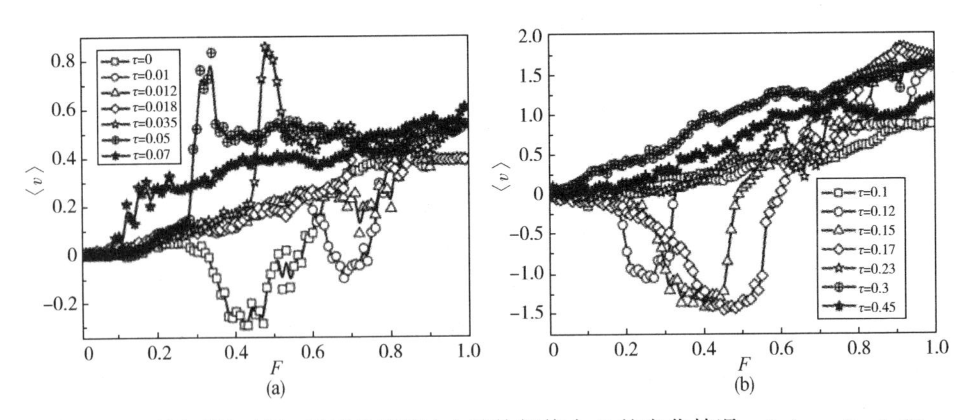

图 6-18　不同延迟时间 τ 下平均速度 $\langle v\rangle$ 随外部偏力 F 的变化情况，(a) $\tau=0$、0.01、0.012、0.018、0.035、0.05、0.07；(b) $\tau=0.1$、0.12、0.15、0.17、0.23、0.3、0.45。其他参数为 $\beta=0$、$\sigma=0.001$、$\alpha=1.5$、$A=4.2$、$\omega=4.9$、$\gamma=0.9$、$b=0.2$

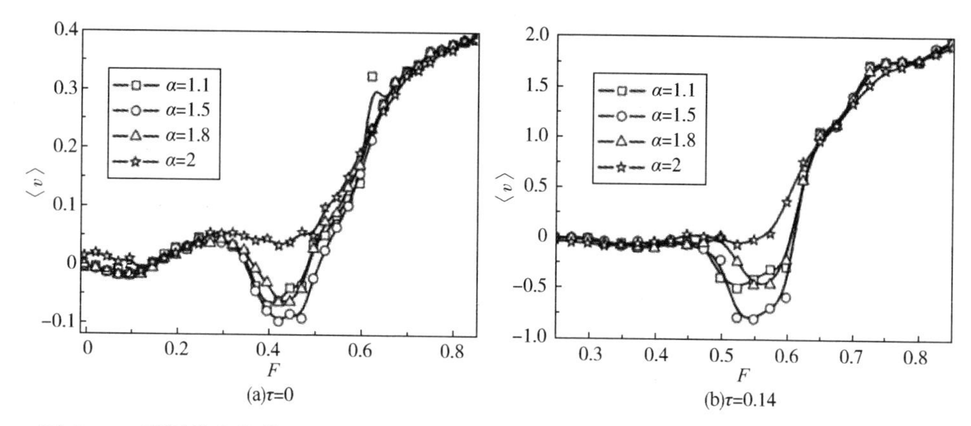

图 6-19　不同稳态指数 $\alpha=1.1$、1.5、1.8、2 下平均速度 $\langle v\rangle$ 随外部偏力 F 的变化情况。其他参数为 $\beta=0$，$\sigma=0.002$，$A=4.2$，$\omega=4.9$，$\gamma=0.8$ 以及 $b=0.2$

下面将通过系统的广义势函数对多次流反转发生的内在物理机制进行定性的分析。在小时间延迟的一级近似下，对 $f(x, x_\tau)$ 进行泰勒展开：

$$f(x, x_\tau)=-2\pi\cos(2\pi x)-\frac{4\pi^2\tau}{\gamma}\sin(2\pi x)$$
$$[-2\pi\cos(2\pi x)-b\pi\cos(4\pi x)+A\cos(\omega t)+F]-b\pi\cos(4\pi x)$$

因此系统的广义势可给出：

$$V(x, t)=\sin(2\pi x)+\frac{b}{4}\sin(4\pi x)+\frac{b\pi^2\tau}{3\gamma}\cos(6\pi x)$$
$$-\frac{b\pi^2\tau}{\gamma}\cos(2\pi x)-\frac{2\pi\tau}{\gamma}\cos(2\pi x)[A\cos(\omega t)+F]-A\cos(\omega t)x-Fx \tag{6-22}$$

图 6-20(a)~(c) 所示为 $\tau=0$、0.08、0.17 时 $t=T/4$、$T/2$、$3T/4$，T($T=2\omega\pi=1.28$) 时刻的广义势函数 $V(x)$。图 6-20(a)~(c) 中标记的点 1~6 对应于粒子在 $t=T/2$、T 时刻的位置。首先讨论 $\tau=0$ 的情形。从图 6-20(a) 可知：$t=T/2$ 时刻，粒子位于点 1 的位置，这使得粒子朝 x 轴负方向加速。而在 $t=T$ 时，粒子到达点 2 的位置并被囚禁在势阱中。由于系统的摩擦，粒子的动能很快被消耗完，因此虽然广义势向右倾斜，粒子也不会沿着倾斜的方向运动。在 $t=T/4$、$3T/4$ 时刻，由于空间势无任何倾斜，因此粒子不能形成定向输运。最终使得粒子一个周期内的平均速度为负。然而，当 $\tau=0.08$ 时，粒子在 $t=T/2$ 时刻位于图 6-20(b) 中的点 3。虽然空间势向左倾斜，但是由于噪声强度太小以及较小的粒子速度，因此粒子并不能越过空间势左边的势垒，而是锁在势阱底部。经过 1/2 周期以后，粒子位于点 4 的位置，这个位置高于空间势右边的势垒。这使得

在噪声和惯性质量的作用下，粒子很容易越过该势垒而形成正速度。在 $t=T/4$、$3T/4$ 时刻，粒子的速度几乎等于零。因此在整个相空间上，粒子的净流为正。从图 6-20(c)可知：当 $\tau=0.17$ 时，粒子在 $t=T/2$ 时刻位于点 5，而在 $t=T$ 时刻位于点 6。在该延迟时间下，粒子朝 x 轴负方向运动的原因与 $\tau=0$ 的情形相似，但有一个不同点：在 $t=T/2$ 时刻，粒子所处空间势的斜坡比在 $\tau=0.17$ 时粒子所处的斜坡更陡。这使得粒子在 $\tau=0.17$ 时的负平均速度更大。因此，图 6-20 中 $\tau\in[0,\ 0.17]$ 区域的多次流反转被解释清楚。对于较大的延迟时间(例如，$\tau>0.23$)，小时间延迟近似变得越来越不准确，有的讨论只针对较小的延迟时间。当然，式(6-20)中的噪声项 $f(x,\ x_\tau)\zeta(t)$ 也会影响粒子在 $t=nT+T/2$ 和 nT 时刻所处的位置。所以除了延迟时间以外，Lévy 噪声的稳态指数在诱导多次流反转方面同样起着很重要的作用。

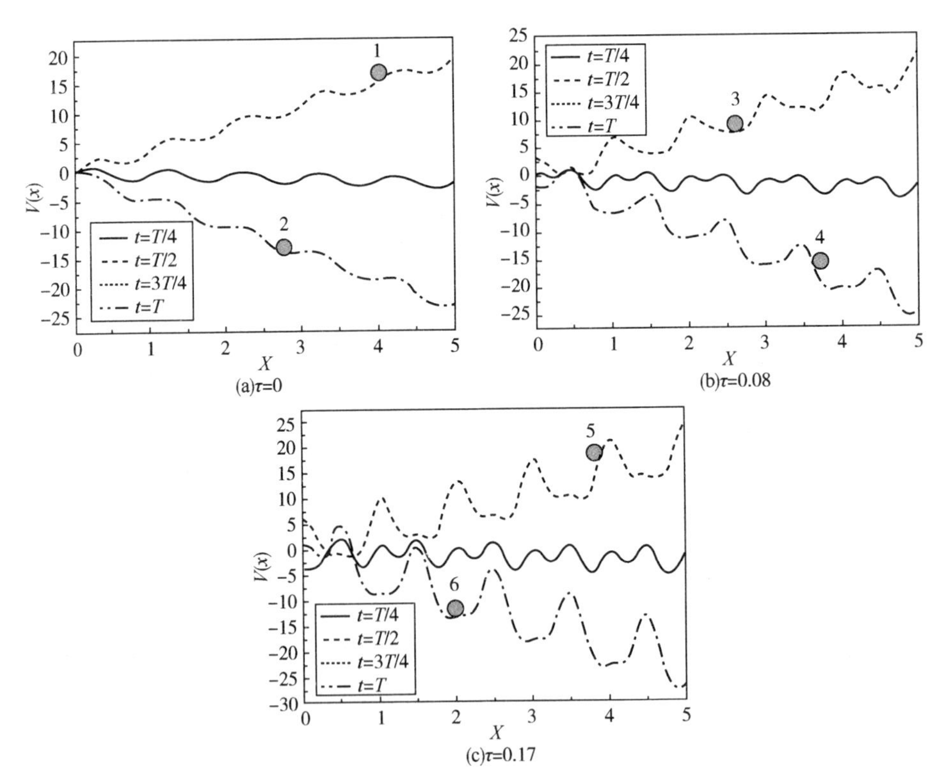

图 6-20　不同时刻 $t=T/4$、$T/2$、$3T/4$、T 系统的广义势函数，其中周期 $T=2\omega\pi=1.28$。点 1～2，3～4，5～6 分别为不同延迟时间下粒子在 $t=T/2$ 和 T 所处的位置，其他参数与图 6-14 相同

6.4 本章小结

本章在随机层面上研究了周期势系统中粒子反常输运。①对于关联的加性和乘性白噪声驱动下空间对称周期势系统，数值结果表明：在噪声关联情形下，粒子平均速度随着加性或乘性噪声强度增加，其运动方向发生改变，即流反转现象。只有在噪声关联情形下，该系统才存在流反转现象，且该现象与系统是否存在时间对称性破缺无关。得出噪声的关联和外部周期驱动力是空间对称周期势系统中发生流反转的两个重要条件。②对于反常扩散驱动下的空间对称周期势系统，数值结果表明：Lévy 噪声能够诱导绝对负迁移现象，合适的噪声强度可增强该现象。对于某些固定的系统参数，绝对负迁移现象可发生在超扩散区域，而消失于正常扩散区域。通过结合粒子时间演化和特殊时刻粒子所处广义势的空间位置，分析了该现象发生的物理机制，得出 Lévy 噪声稳态指数 α 的调节能够影响粒子在 $t=\frac{T}{4}+nT$ 时刻所处的位置，该位置使得粒子获得负向或正向加速度，最终形成相应的流。此外，非对称 Lévy 噪声(对称参数 $\beta=0$)同样也能诱导绝对负迁移。③对于反常扩散驱动下时间延迟周期系统，数值结果表明：该系统中存在两种粒子反常输运，即多次流反转和绝对负迁移。时间延迟效应可诱导多次流反转和绝对负迁移，且这两种反常输运发生在超扩散情形，而消失于正常扩散情形。随着延迟时间的增加，系统经历多次态变，即反常输运→正常输运→反常输运→正常输运→反常输运→正常输运。不管该系统是否存在时间延迟，绝对负迁移现象都可发生，但依赖于 Lévy 噪声稳态指数，存在时间延迟时，绝对负迁移现象将被增强。

综上所述，可更深层次地了解随机层面上周期势系统中的粒子反常输运。虽然很难确定外部周期力、阻尼力、外部偏力以及粒子的惯性等是否为引起负迁移的必要因素，但能够肯定的是关联噪声和反常扩散在诱导周期势系统粒子反常输运方面扮演着重要角色。在某些系统的粒子输运问题上，噪声关联或反常扩散在描述这些系统的随机涨落上比高斯噪声更为合适。又或在无时间延迟或正常扩散作用下可能不会产生粒子反常输运现象，而这些现象也许会发生在时间延迟作用或反常扩散驱动下。

参 考 文 献

[1] PANKRATOV A L, SPAGNOLO B. Suppression of timing errors in short overdamped josephson

junctions[J]. Phys. Rev. Lett., 2004, 93(17): 177001.

[2] LI J H, HUANG Z Q. Net voltage caused by correlated symmetric noises[J]. Phys. Rev. E, 1998, 58(1): 139-143.

[3] BORROMEO M, GIUSEPPONI S, MARCHESONI F. Recycled noise rectification: An automated Maxwell's daemon[J]. Phys. Rev. E, 2006, 74(3): 031121.

[4] BORROMEO M, MARCHESONI F. Asymmetric probability densities in symmetrically modulated bistable devices[J]. Phys. Rev. E, 2005, 71(3): 031105.

[5] MEI D C, XIE G Z, CAO L, et al. Mean first-passage time of a bistable kinetic model driven by cross-correlated noises[J]. Phys. Rev. E, 1999, 59(4): 3880-3883.

[6] CAO L, WU D J. Fluctuation-induced transport in a spatially symmetric periodic potential[J]. Phys. Rev. E, 2000, 62(5): 7478.

[7] WU D J, CAO L, KE S Z. Bistable kinetic model driven by correlated noises: Steady-state analysis[J]. Phys. Rev. E, 1994, 50(4): 2496-2502.

[8] AI B Q, LIU G T, XIE H Z, et al. Efficiency and current in a correlated ratchet[J]. Chaos An Interdisciplinary Journal of Nonlinear Science, 2004, 14(4): 957-962.

[9] LINDER B, SCHIMANSKY-GEIER L, REIMANN P, et al. Inertia ratchets: A numerical study versus theory[J]. Phys. Rev. E, 1999, 59(2): 1417-1424.

[10] COLLINS J J, IMHOFF T T, GRIGG P. Noise-mediated enhancements and decrements in human tactile sensation[J]. Phys. Rev. E, 1997, 56(1): 923-926.

[11] MEI D C, DU L C, WANG C J. The effects of time delay on stochastic resonance in a bistable system with correlated noises[J]. J. Stat. Phys., 2009, 137(4): 625-638.

[12] ZHU S Q. Steady-state analysis of a single-mode laser with correlations between additive and multiplicative noise[J]. Phys. Rev. A, 1993, 47(3): 2405-2408.

[13] CHEN R Y, PAN W L, ZHANG J Q, et al. Multiple absolute negative mobilities [J]. Chaos, 2016, 26(9): 093113.

[14] CHEN R Y, NIE L R, PAN W L, et al. Arbitrary segments of absolute negative mobility[J]. J. Stat. Mech., 2017, 1(1): 013201.

[15] CHEN R Y, NIE L R, PAN W L, et al. Absolute negative mobility in a one-dimensional overdamped system [J]. Phys. Lett. A, 2013, 392: 2623-2630.

[16] KHOURY M, LACASTA A M, SANCHO J M, et al. Weak disorder: Anomalous transport and diffusion are normal yet again [J]. Phys. Rev. Lett., 2011, 106(9): 090602.

[17] HARTMANN L, GRIFONI M, HÄNGGI P. Dissipative transport in dc-ac driven tight-binding lattices[J]. Europhys. Lett., 1997, 38(7): 497-502.

[18] REIMANN P, KAWAI R, VAN DEN BROECK C, et al. Coupled Brownian motors: Anomalous hysteresis and zero-bias negative conductance[J]. Europhys. Lett., 1999, 45(5): 545.

[19] EICHHORN R, REIMANN P, HÄNGGI P. Brownian motion exhibiting absolute negative mobility[J]. Phys. Rev. Lett., 2002, 88(19): 190601.

[20] NAGEL J, SPEER D, GABER T, et al. Observation of negative absolute resistance in a Jo-

sephson junction[J]. Phys. Rev. Lett., 2008, 100(21): 217001.

[21] HÖPFEL R A, SHAH J, WOLFF P A, et al. Negative absolute mobility of minority electrons in GaAs quantum wells[J]. Phys. Rev. Lett., 1986, 56(25): 2736-2739.

[22] CANNON E H, KUSMARTSEV F V, ALEKSEEV K N, et al. Absolute negative conductivity and spontaneous current generation in semiconductor superlattices with hot electrons[J]. Phys. Rev. Lett., 2000, 85(6): 1302.

[23] EISTON T C, DOERING C R. Numerical and analytical studies of nonequilibrium fluctuation-induced transport processes[J]. J. Stat. Phys., 1996, 83(3): 359-383.

[24] EICHHORN R, REIMANN P, HÄNGGI P. Paradoxical motion of a single Brownian particle: Absolute negative mobility[J]. Phys. Rev. E, 2002, 66(6): 066132.

[25] MACHURA L, KOSTUR M, TALKNER P, et al. Absolute negative mobility induced by thermal equilibrium fluctuations[J]. Phys. Rev. Lett., 2007, 98(4): 040601.

[26] SPEER D, EICHHORN R, REIMANN P. Brownian motion: Anomalous response due to noisy chaos[J]. Europhys. Lett., 2007, 79(1): 10005.

[27] LI Y G, XU Y, KURTHS J, et al. Lévy-noise-induced transport in a rough triple-well potential[J]. Phys. Rev. E, 2016, 94(4-1): 042222.

[28] WANG Z Q, XU Y, YANG H. Lévy noise induced stochastic resonance in an FHN model[J]. Science China-Technological Sciences, 2016, 59: 371-375.

[29] XU Y, FENG J, LI J J, et al. Lévy noise induced switch in the gene transcriptional regulatory system[J]. Chaos, 2013, 23(1): 013110.

[30] XU Y, FENG J, LI J J, et al. Lévy noiseinduced stochastic resonance in a bistable system[J]. Eur. Phys. J. B, 2013, 86(5): 198.

[31] ZENG L Z, XU B H. Effects of asymmetric Lévy noise in parameter-induced aperiodic stochastic resonance[J]. Physica A, 2010, 389(22): 5128-5136.

[32] AI B Q, SHAO Z G, ZHONG W R. Rectified brownian transport in corrugated channels: Fractional brownian motion and Lévy flights[J]. J. Chem. Phys., 2012, 137(17): 174101.

[33] SROKOWSKIA T. Multiplicative Lévy noise in bistable systems[J]. Eur. Phys. J. B, 2012, 85: 1-6.

[34] DYBIEC B, GUDOWSKA-NOWAK E, HÄNGGI P. Lévy-Brownian motion on finite intervals: Mean first passage time analysis[J]. Phys. Rev. E, 2006, 73(4): 046104.

[35] BARTUSSEK R, HÄNGGI P, LINDNER B, et al. Ratchets driven by harmonic and white noise [J]. Physica D, 1997, 109(1-2): 17-23.

[36] KULA J, CZERNIK T, LUCZKA J. Brownian ratchets: Transport controlled by thermal noise [J]. Phys. Rev. Lett., 1998, 80(7): 1377-1380.

[37] GOYCHUK I A, PETROV E G, MAY V. Noise-induced current reversal in a stochastically driven dissipative tight-binding model[J]. Phys. Lett. A, 1998, 238(1): 59-65.

[38] DAN D, MAHATO M C, JAYANNAVAR A M. Mobility and stochastic resonance in spatially inhomogeneous systems[J]. Phys. Rev. E, 1999, 60(6): 6421-6428.

[39] CUBERO D, LEBEDEV V, RENZONI F. Current reversals in a rocking ratchet: Dynamical versus symmetry-breaking mechanisms[J]. Phys. Rev. E, 2010, 82(4 Pt 1): 041116.

[40] SUN X X, NIE L R, LI P. Effect of time delay on current of symmetric Brownian motor[J]. Europhys. Lett., 2011, 95: 50003.

[41] SOKOLOV I M, MAI J, BLUMEN A. Paradoxal diffusion in chemical space for nearest-neighbor walks over polymer chains[J]. Phys. Rev. Lett., 1997, 79(5): 857-860.

[42] SANTINI P. Lévy scaling in random walks with fluctuating variance[J]. Phys. Rev. E, 2000, 61(1): 93-99.

[43] METZLER R, KLAFTER J. The random walk's guide to anomalous diffusion: A fractional dynamics approach[J]. Phys. Rep., 2000, 339(1): 1-77.

[44] BOUCHAUD J P, GEORGES A. Anomalous diffusion in disordered media: Statistical mechanisms, models and physical applications[J]. Phys Rep., 1990, 195(4-5): 127-293.

[45] OHIRA T, YAMANE T. Delayed stochastic systems[J]. Phys. Rev. E, 2000, 61: 1247.

[46] BRESSLOFF P C, COOMBES S. Traveling waves in a chain of pulse-coupled oscillators[J]. Phys. Rev. Lett., 1998, 80(21): 4815-4818.

[47] CHOI M Y, HUBERMAN B A. Collective excitations and retarded interactions[J]. Phys. Rev. B, 1985, 31(5): 2862-2866.

[48] MASOLLER C. Anticipation in the synchronization of chaotic semiconductor lasers with optical feedback[J]. Phys. Rev. Lett., 2001, 86(13): 2782-2785.

[49] TANG J, YANG X Q, MA J, et al. Noise effect on persistence of memory in a positive-feedback gene regulatory circuit[J]. Phys. Rev. E, 2009, 80(1): 011907.

[50] LINKE H, HUMPHREY T E, LOFGREN A, et al. Experimental tunneling ratchets[J]. Science, 1999, 286(5448): 2314-2317.

第7章　视觉多稳态系统中的随机延迟效应

视觉多稳态知觉交替发生在双眼接收不相容或模棱两可的视觉输入时，大脑会对其产生不同的解释，导致主观知觉在多种状态下自发且随机切换。双眼竞争作为研究多稳态知觉交替问题应用最广泛的实验范式，常用行为学指标持续时间和交替速率来反映知觉主导状态及切换规律。目前，研究者发现驱动双眼竞争产生知觉交替行为背后的关键因素为神经元相互抑制作用和缓慢自适应过程。近年来，随着心理物理学和生物电技术的发展，对影响多稳态知觉交替行为的因素和参与知觉变化的脑区等方面进行了广泛的研究。然而，传统心理物理学实验往往忽略了真实神经系统中存在的嘈杂环境和延迟效应对多稳态知觉交替行为的作用。同时，在知觉模型层面上对噪声和时间延迟效应的研究尚浅。

心理物理学实验是研究双眼竞争视觉多稳态知觉的重要手段，常用持续时间和交替速率这两个行为学指标来衡量双眼竞争知觉状态和切换规律。在临床上，行为学指标可用于客观反映精神类疾病患者的意识状态及其对特殊视觉感知内容的辨别能力，并在双向情感障碍、孤独症、抑郁症、焦虑等精神类疾病诊断和干预方面具有广泛的应用潜力。随着神经影像学技术的发展，人们对双眼竞争的神经加工处理过程、参与知觉变化的脑区有了进一步认识。然而，目前主要集中在视觉双稳态知觉及其视觉刺激时空特性的研究，并未考虑更符合实际的多稳态情况。很多情况下实验心理学脱离了真实视觉神经系统环境，如忽视了与该系统实际功能存在紧密联系的嘈杂环境(噪声)和时间延迟作用。虽然目前许多研究指出了噪声是视知觉优势主导状态跃迁的主要“动力”之一，但对于知觉交替中噪声和延迟协调作用下的知觉交替行为的认识仍不够清晰。因此，本章节将通过建立随机延迟的视觉多稳态知觉模型，进一步了解噪声和时间延迟作用下知觉交替规律并探索其背后潜在的调控作用。

7.1　模型的建立

本书在考虑神经元集群交互抑制机制、对比度增益机制和自适应机制的 Wilson 和 Rubin 传统模型基础上，结合知觉竞争与融合、加性与乘性噪声以及时间延迟效应，建立随机延迟双稳态和三稳态知觉模型，并用随机延迟动力学方程组来描述该模型中神经元活动水平。模型虽相较真实神经系统仍是简化的，但已能从宏观层面描述双眼竞争多稳态知觉交替过程及知觉交替行为的一般规律。

基于随机延迟动力学方程组，利用欧拉法数值模拟方程组，得到神经元集群活动随时间变化的演化序列，结合时间演化序列来进一步计算和分析关键统计量（稳态概率分布函数 SPDF、概率密度函数 PDF、自关联函数 C、特征关联时间 Λ、平均首通时间 MFPT、竞争-融合系数 RFI、知觉切换概率 PSP、有序度 R 等），从不同的角度来反映知觉状态，进一步分析双眼竞争知觉切换规律。视觉多稳态研究示意如图 7-1 所示。

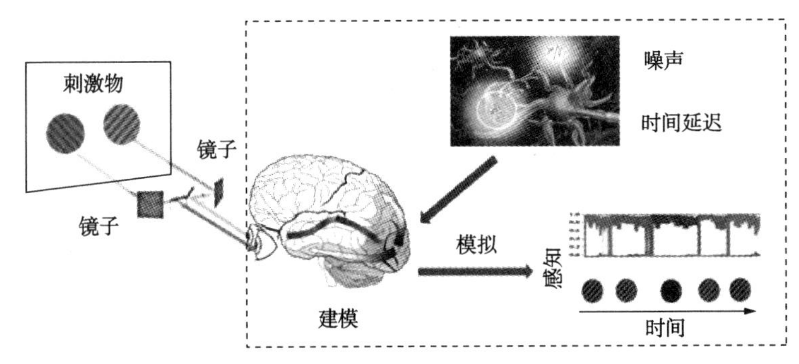

图 7-1 视觉多稳态研究示意。将噪声和时间延迟纳入经典的双眼竞争模型，对扩展的随机延迟双眼竞争模型进行数值模拟及知觉交替行为规律的分析（虚线部分）

7.1.1 随机延迟双稳态知觉模型

本研究在 Wilson 等的研究基础上建立了噪声和时间延迟作用下的随机双稳态知觉模型，模型由代表优势知觉神经元集群活动水平及自适应情况的朗之万方程表示如下：

$$\gamma\frac{\mathrm{d}E_{\mathrm{L}}(t)}{\mathrm{d}t}=-E_{\mathrm{L}}(t)-M[L(t)-\alpha E_{\mathrm{R}}(t)+\varepsilon E_{\mathrm{L}}(t-\tau)-gH_{\mathrm{L}}(t)+\xi_{\mathrm{L}}(t)+E_{\mathrm{L}}(t)\eta_{\mathrm{L}}(t)]_{+} \tag{7-1}$$

$$\gamma_{\mathrm{H}}\frac{\mathrm{d}H_{\mathrm{L}}(t)}{\mathrm{d}t}=-H_{\mathrm{L}}(t)+E_{\mathrm{L}}(t) \tag{7-2}$$

$$\gamma\frac{\mathrm{d}E_{\mathrm{R}}(t)}{\mathrm{d}t}=-E_{\mathrm{R}}(t)-M[R(t)-\alpha E_{\mathrm{L}}(t)+\varepsilon E_{\mathrm{R}}(t-\tau)-gH_{\mathrm{R}}(t)+\xi_{\mathrm{R}}(t)+E_{\mathrm{R}}(t)\eta_{\mathrm{R}}(t)]_{+} \tag{7-3}$$

$$\gamma_{\mathrm{H}}\frac{\mathrm{d}H_{\mathrm{R}}(t)}{\mathrm{d}t}=-H_{\mathrm{R}}(t)+E_{\mathrm{R}}(t) \tag{7-4}$$

其中随时间变化的函数 $E_{L/R}(t)$ 和 $H_{L/R}(t)$ 分别代表左右眼的活动水平和自适应情况，$\xi_{L/R}(t)$ 代表加性高斯白噪声，满足式(7-5)中的统计特性：

$$\langle \xi_{L/R}(t) \rangle = 0 \langle \xi_{L/R}(t)\xi_{L/R}(t') \rangle = 2D_{L/R}\delta(t-t') \tag{7-5}$$

在某些情况下，乘性 $\eta_{L/R}(t)$ 和加性 $\xi_{L/R}(t)$ 高斯噪声可能具有共同的起源，因此假设彼此相关，则满足式(7-6)~式(7-8)中的统计特性，$D_{L/R}$ 和 $Dm_{L/R}$ 分别代表加性噪声和乘性噪声强度，式(7-8)代表噪声关联过程，其中 $\lambda_{L/R}$ 表示加性和乘性噪声之间的关联强度，$\omega_1(t)$ 和 $\omega_2(t)$ 是由 Box-Muller 算法生成的两个具有零均值和单位方差的独立高斯白噪声(同样满足统计学特性)。

$$\langle \xi_{L/R}(t) \rangle = \langle \eta_{L/R}(t) \rangle = 0 \tag{7-6}$$

$$\langle \xi_{L/R}(t)\xi_{L/R}(t') \rangle = 2D_{L/R}\delta(t-t'),\ \langle \eta_{L/R}(t)\eta_{L/R}(t') \rangle = 2Dm_{L/R}\delta(t-t') \tag{7-7}$$

$$\eta_{L/R}(t) = \sqrt{Dm_{L/R}}\,\overline{\omega}_1(t),\ \xi_{L/R}(t) = \lambda_{L/R}\sqrt{D_{L/R}}\,\overline{\omega}_1(t) + \sqrt{D_{L/R}(1-\lambda_{L/R}^2)}\,\overline{\omega}_2(t) \tag{7-8}$$

式中，$D_{L/R}$ 为加性噪声强度，模型方程中的参数包括兴奋性神经元的快速反应时间常数 $\gamma=0.015$，人类新皮层神经元的时间常数 $\gamma^H=1$，抑制强度 $\alpha=3.4$，增益常数 $\varepsilon=0.5$，自适应强度 $g=3.0$，参考 Wilson 的研究结论，$[X]_+=\max(X,\ 0)$ 是输入阈值控制函数，目的是保证活动水平 $X>0$，即满足条件 $X<0$ 时，使 $X=0$。M 是一个描述随着兴奋性输入的增加而增加的发射率的常数，$\gamma=15$，以反映相对的兴奋性神经元的快速反应时间。$L(t)/R(t)$ 代表左右单眼固定刺激输入，其他输入神经元集群的是对侧眼抑制性输入项 $-\alpha E_{L/R}(t)$，一个增益强度为 ε 的弱复发性兴奋连接 $\varepsilon E_{L/R}(t)$，一个自适应项由 $-gH_{L/R}(t)$ 描述。$H_{L/R}(t)$ 代表一种缓慢的超极化电流，它通常是哺乳动物的兴奋性神经元中 Ca^{2+} 或 Na^+ 介导的 K^+ 电流。上述各式描述了 $H_{L/R}$ 的时间演化，它非常缓慢，人类新皮层神经元的时间常数平均为 996ms。延迟时间 τ 考虑加在单眼自激活增益项 $\varepsilon E_L(t-\tau)$ 中。

7.1.2 随机延迟三稳态知觉模型

代表知觉竞争态 A、B(表示竞争)和知觉融合态 C(表示融合)的神经元集群活动水平由以下微分方程描述，式(7-9)~式(7-10)是知觉竞争态 A，另外两个知觉态 B 和 C 的描述同理。

$$\gamma_r \frac{\mathrm{d}r_A(t)}{\mathrm{d}t} = -r_A(t) + f\{\alpha r_A(t)[1+\eta_A(t)] - \beta r_{A,\mathrm{inh}} + g_A - H_A(t)\} \tag{7-9}$$

$$\gamma_H \frac{\mathrm{d}H_A(t)}{\mathrm{d}t} = H_A(t) + \gamma R_A(t-\tau_A) \tag{7-10}$$

式中，$r_A(t)$ 和 $H_A(t)$ 分别为神经元群体 A 的兴奋活动和自适应水平；$f(x)$ 为输入

输出控制曲线建模为 sigmoid 函数，$f(x)=\langle 1+\exp[-(x-\theta)/k]\rangle-1$，阈值 $\theta=0.1$，$k=0.05$。神经元群体 A 的输入由以下几个部分组成：$\alpha r_A(t)[1+\eta_A(t)]$ 是具有增益 α 的循环兴奋性连接，$\eta_A(t)$ 建模为乘性噪声源；$\beta r_{A,inh}$ 为具有抑制性突触强度 β 的局部抑制。g_A 为群体 A 的恒定刺激输入；$H_A(t)$ 为神经元通过具有最大幅度 γ 和弱时间常数 γ_H 的超极化电流的自适应。自适应的延迟响应来自神经元群体 A 兴奋性的延迟输入，其中 τ_A 是延迟时间。对于三稳态知觉交替行为的研究，也是基于双稳态知觉的内容进一步扩展。众所周知，高斯白噪声是各种随机噪声的理想状态，实际上在自然界中并不存在。因此，考虑更加符合真实环境情况，驱动系统的随机力 $\xi(t)$ 在这里被建模为均值为零的外部加性噪声，其相关函数 $\langle\xi_A(t)\xi_A(t')\rangle=\lambda_{noise}D_A\exp(-\lambda_{noise}|t-t'|)$，其从反馈池 r_{pool} 输入，λ_{noise} 表示噪声的自相关率。抑制性 $r_{A,inh}$ 来自兴奋反馈，并从兴奋池输入，然后其放电率由 $r_{A,inh}=(r_{pool}+\eta r_A)^2$ 给出。兴奋池不仅接收来自外部刺激的输入，还接收来自所有人群活动的输入。池的作用是让每个种群了解其所有潜在竞争对手，然后将有关总和输入的兴奋性连接信息发送给其他抑制子种群，而不是种群之间的直接交叉抑制。连接类型通过消除不同感知之间直接连接的需要，减少了所需连接的数量。这可以提高视觉信息处理的效率，更接近真实的大脑表现。为方便起见，假设它线性响应其输入并以较短的招募时间尺度来响应。因此，其发射率由 $r_{pool}=[\phi(r_A+r_B+r_C)+g_A+g_B+g_C+\xi(t)]^+$ 给出。非线性保证 r_{pool} 必须保持大于或等于零，相似的方程定义了神经元集群 B 和 C 的动力学。

在本章中，假设神经元集群 A 和 B 表示双眼感知（Rivalry，竞争模式），种群 C 表示融合感知（Fusion，融合模式）。为了更好地讨论噪声和时间延迟对多稳态知觉交替的影响，模型相关参数与前文保持不变，即 $\gamma_r=0.01$，$\gamma_H=2$，$\alpha=0.75$，$\beta=\eta=\phi=0.5$，$g_A=g_B=g_C=0.01$，$\gamma=0.1$。对于时间延迟条件下的初始值，当 $t<\tau_{A/B/C}$ 时，令 $r_{A/B/C}(t-\tau_{A/B/C})=r_{A/B/C}(0)$ 是合理的。整体平均采用 5000 条初始条件均匀分布的轨迹，每条轨迹演化 $t=1\times10^5$。通过编写基于 C 语言的关键算法程序，数值模拟求解朗之万方程组描述的上述模型。

如前所述，由知觉竞争和知觉融合组成的知觉三稳态是常见的视觉多稳态现象。实际上除了双眼竞争外，还存在其他形式的多稳态问题。因此，基于 Rubin 的双稳态吸引子模型和扩展，可以广泛用于多稳态问题的研究。

7.2 基本统计量介绍

根据模型输出每一时刻代表知觉优势的神经元集群激活状态数值，也即时间演化序列（Time Evolutions），进一步计算以下统计量。

1. 稳态概率分布函数(Stationary Probability Distribution Function, SPDF)

SPDF 用于反映稳态优势分布情况。通过统计双眼稳态激活状态(处于知觉优势主导状态),计算对应知觉稳态的分布概率,图像分布可以反映稳态优势分布情况。

2. 概率密度函数(Probability Density Function, PDF)

PDF 表示随机变量的取值落在某个区域之内的概率,是对变量进行累积分布情况的统计,反映该变量取值的分布情况。其峰值所在取值代表该变量在整个统计区间内的平均水平。

3. 自关联函数(Autocorrelation Function, C)

自关联函数反映某一时刻知觉状态是否受后一时刻知觉状态的影响,常与知觉记忆相关联,即在一定自关联时间 τ' 下,反映前后知觉状态的相关程度,满足以下关系状态变量 $E(t)$,自关联函数 C 可表示为:

$$
\begin{aligned}
&E(t)=[E_{\mathrm{L}}(t)-E_{\mathrm{R}}(t)]\\
&\widetilde{E}=E(t)-\langle E(t)\rangle\\
&C(\tau')=\frac{\langle \widetilde{E}(t)\widetilde{E}(t+\tau')\rangle}{\widetilde{E}^2(t)}
\end{aligned}
\qquad (7-11)
$$

式中,τ'为自关联时间,即表示后一时刻知觉状态的时间,$\langle \cdot \rangle$为时间平均。特征关联时间 Λ(Characteristic Correlation Time)是自关联函数的积分,数值越大反映关联性越强,满足:

$$
\Lambda=\int_0^{\infty} C^2(t)\,\mathrm{d}t \qquad (7-12)
$$

此外,关联性的强弱也可反映双眼竞争知觉切换的稳定性。

4. 平均首通时间(Mean First Passage Time, MFPT)

MFPT 指随机过程首次经过某给定状态(或状态集合)时间的数学期望。针对多稳态知觉问题,代表整个时间序列每一次双眼优势主导占据时间的平均值,本研究中平均首通时间等效于平均知觉主导时间(Mean Dominance Duration, MDD),能够客观反映某一知觉状态主导的平均时间。计算方式如下:其中 N 表示一定时间长度下优势知觉时间序列中优势知觉总次数,也即切换次数,每次优势知觉占据时间表示为 T_i。

$$
\mathrm{MFPT}=\frac{1}{N}\sum_{i=0}^{N} T_i \qquad (7-13)
$$

5. 竞争融合系数(Rivalry-Fusion Index, RFI)

RFI 用于知觉三稳态模型中,表示竞争和融合知觉变化模式,反映多稳态知觉系统竞争和融合的偏向情况,满足以下关系:

$$\mathrm{RFI}=\frac{\Delta t}{T}\sum_{j=1}^{N}\frac{|r_{\mathrm{A}}-r_{\mathrm{B}}|-r_{\mathrm{C}}}{|r_{\mathrm{A}}-r_{\mathrm{B}}|+r_{\mathrm{C}}},\ j=1,\ 2,\ 3,\ \cdots,\ \frac{T}{\Delta t}=N \tag{7-14}$$

式中，T 为模拟总时长；Δt 为时间步长；$r_{\mathrm{A/B}}$ 为双眼的知觉竞争活动情况，$|r_{\mathrm{A}}-r_{\mathrm{B}}|$ 为知觉竞争成分；r_{C} 为知觉融合成分。RFI 的取值范围为[-1, 1]，因此 RFI 值为 1 表示系统完全处于竞争状态。同理，RFI 值为-1 表示系统完全处于融合状态。

6. 知觉切换概率(Perceptual Switching Probability，PSP)

多稳态感知模型中涉及知觉变化模式的另一个方面是感知切换概率，它承载着丰富的感知预测信息。对于三稳态知觉模型，即包含两个竞争感知 $r_{\mathrm{A/B}}$ 和一个融合感知 r_{C}。定义两种形式的感知选择，即后向切换(与前一个相同的感知)和前向切换(与前一个不同的感知)。例如，$r_{\mathrm{A}}\to r_{\mathrm{C}}\to r_{\mathrm{B}}$ 表示前向切换(Switch Forward Probability，SFP)，而 $r_{\mathrm{A}}\to r_{\mathrm{C}}\to r_{\mathrm{A}}$ 表示后向切换。根据知觉变化的时间演变，可以计算出反映下一个知觉状态出现的概率，其计算公式如式(7-15)所示：

$$\mathrm{SFP}=\frac{P_{r_{\mathrm{A/B}}\to r_{\mathrm{C}}\to r_{\mathrm{B/A}}}}{P_{r_{\mathrm{A/B}}\to r_{\mathrm{C}}\to r_{\mathrm{B/A}}}+P_{r_{\mathrm{A/B}}\to r_{\mathrm{C}}\to r_{\mathrm{A/B}}}} \tag{7-15}$$

7. 有序度(R)

时间序列中峰峰间隔的标准差与平均值的比值是衡量有序度的重要指标，该比值能够量化时间序列的规律性和一致性。当比值较小，说明峰峰间隔相对均匀，表明信号具有较高的有序度，神经元放电活动较为规律；反之，较大的比值则表示峰峰间隔存在较大波动，反映出信号的随机性和不稳定性，表明有序度较低。其具体表达式如下：

$$R_i=\frac{\langle T\rangle}{\sqrt{\mathrm{var}(T)}}=\frac{\langle T\rangle}{\sqrt{\langle T^2\rangle-\langle T\rangle^2}}$$
$$\langle T\rangle=\lim_{M\to\infty}\sum_{i=1}^{M}(t_{i+1}-t_i)/M \tag{7-16}$$
$$\langle T^2\rangle=\lim_{M\to\infty}\sum_{i=1}^{M}(t_{i+1}-t_i)^2/M$$

式中，$\langle\cdot\rangle$ 为取平均值；t_i 为第 i 个脉冲发放时间；M 为给定时间内脉冲发放总数；$\mathrm{var}(T)$ 为方差。有序度 R 用于定量描述神经元活动序列的有序程度。

7.3 结果与讨论

7.3.1 噪声作用下多稳态知觉交替行为研究

数值结果一：噪声作用下双稳态知觉交替行为的数值模拟。

在没有噪声关联情况下，如图7-2(a)所示，固定乘性噪声$Dm_{L/R}$，加性噪声越小(-■-)平均知觉持续时间越长，随着噪声增大(如-▼-)，MFPT明显减小；固定加性噪声，随着乘性噪声增加，MFPT逐渐减小(加性噪声较大时几乎不变)。如图7-2(b)所示，加性噪声对知觉持续时间的影响几乎不受乘性噪声影响(不同乘性噪声曲线趋近重合)，但随着噪声增强，MFPT显著降低(从0.65→0.15)，促进知觉切换。

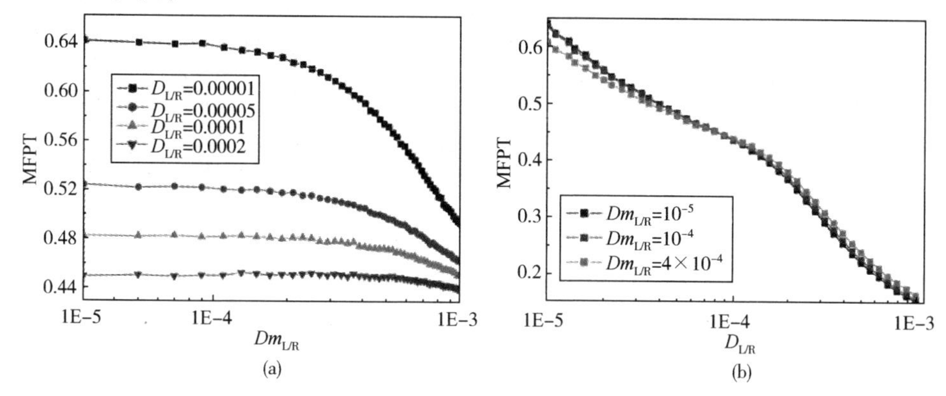

图7-2 无噪声关联下平均知觉持续时间MFPT随乘性和加性噪声变化情况。(a)$D_{L/R}=0.00001$、0.00005、0.0001、0.0002；(b)$Dm_{L/R}=10^{-5}$、10^{-4}、4×10^{-4}。$\gamma=0.015$，$M=1$，$L=R=0.5$，$\alpha=3.4$，$\varepsilon=0.5$，$g=3$，$\lambda_{L/R}=0$，其他共性参数见模型描述部分

相较于噪声不相关情况，在相关噪声的作用下，随着加性噪声增加($D_{L/R}$=0.00001，0.00005，0.0001)感知稳定性、相干共振和知觉不平衡得到增强[图7-3(a)~(c)]。由图7-3(a)可知：当关联强度为-1时，MFPT出现峰值(噪声增强稳定性现象)，随着噪声增加，关联强度对知觉切换的影响逐渐减弱。

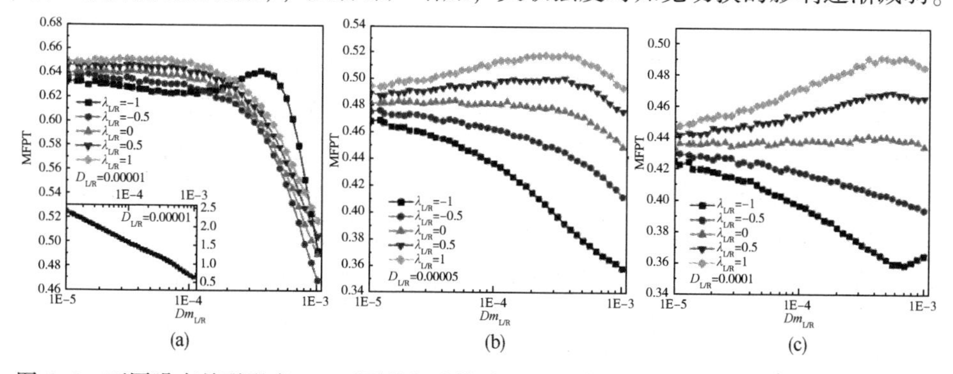

图7-3 不同噪声关联强度$\lambda_{L/R}$下平均知觉持续时间随乘性噪声$Dm_{L/R}$变化情况。(a)~(c)分别为$D_{L/R}=0.00001$、0.00005、0.0001下，$\lambda_{L/R}=-1$、-0.5、0、0.5、1，其他参数同图7-2

如图7-4所示为在不同左右眼噪声关联情况下的竞争优势主导权，值1和-1

分别表示左右眼优势知觉占据主导地位情况，0 表示感知平衡。随着乘性噪声增加，感知平衡逐渐被打破依赖于乘性噪声强度。这说明在关联噪声情况下，乘性噪声能调控双眼竞争的感知平衡。

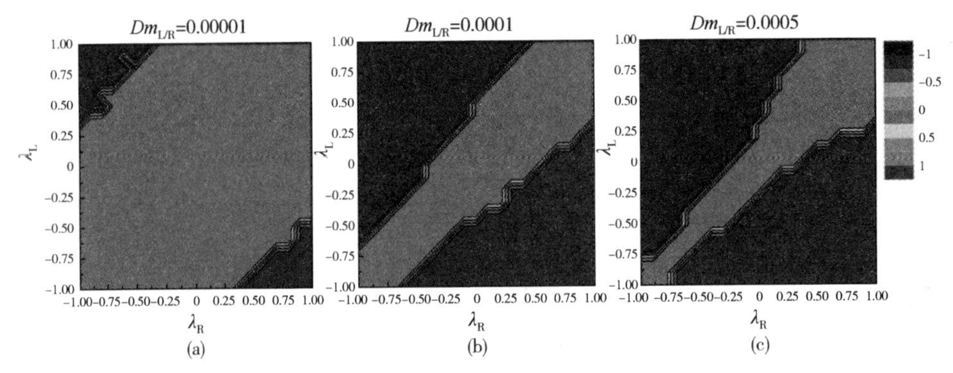

图 7-4　竞争主导情况随关联强度变化相图。固定加性噪声强度 $D_{L/R}=0.00005$，(a)~(c)分别是 $Dm_{L/R}=0.00001$，0.0001，0.0005，其他参数同图 7-3

7.3.2　时间延迟作用下多稳态知觉交替行为研究

数值结果二：时间延迟效应对噪声驱动的双稳态知觉行为调控作用的数值模拟。

数值模拟实验二探索噪声和时延的作用，不考虑噪声关联情况。首先讨论双稳态知觉交替模型受时间延迟作用结果。如图 7-5(a)所示，在$\tau=0.8$ 时存在最佳乘性噪声使系统持续时间最长。如图 7-5(b)所示，在延迟时间$\tau=0.6$ 情况下，MFPT 随乘性噪声增加在加性噪声 $Dm_{L/R}=2\times10^{-5}$和 2.5×10^{-5}时出现峰值(噪声增强系统稳定性)。

如图 7-6(a)所示，平均首通时间(平均支配时间)随时间延迟表现出欠阻尼衰减现象，即在一定加性噪声条件下，知觉持续时间多次达到峰值，但随着延迟时间的增加，共振现象逐渐衰减至几乎持平。并且在时间延迟变化很小情况下[图 7-6(b)]MFPT 从峰值 0.82 到谷底 0.45(神经活动激活时间演化显著差异)。

不同时间延迟和加性噪声对双眼竞争知觉交替行为的调控下，时间演化如图 7-7所示。可知：在固定时间延迟下，随着噪声强度增加，知觉切换变快；在固定噪声情况下，知觉切换随时间延迟先增快(在$\tau=0.5$ 达到最大)后变慢，说明外部加性噪声和时间延迟对于知觉切换的调控作用不可忽略。经过双眼调制噪声(如第 4 列双眼噪声差异)，在左眼固定噪声强度 $D_L=10^{-5}$时，增大右眼噪声强度(对比第 2 列和第 4 列结果)，同样可以加快知觉切换，即噪声不仅可以影响知觉切换，并且可以通过调制双眼差异进一步加快知觉切换。

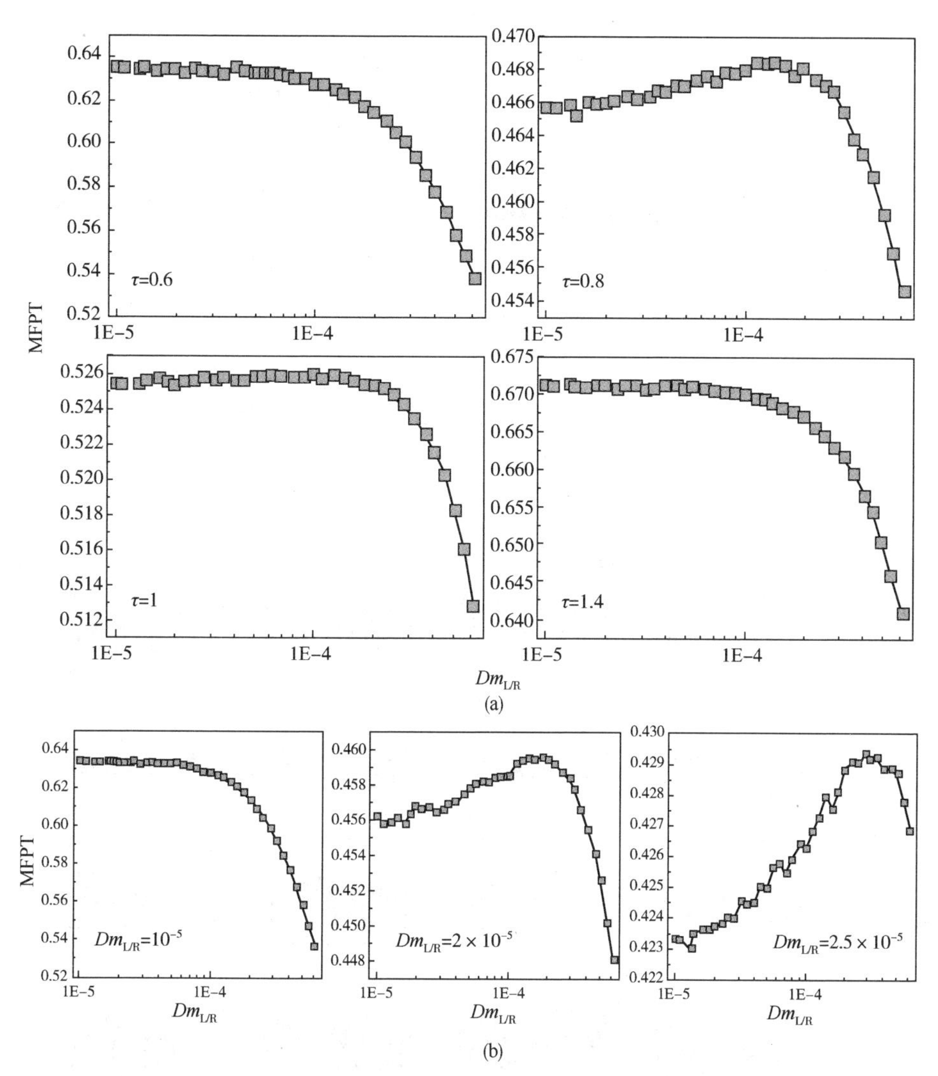

图7-5　平均知觉持续时间在不同延迟/加性噪声条件下随乘性噪声变化情况。(a)MFPT随乘性噪声 $Dm_{L/R}$变化，$\tau=0.6$、0.8、1、1.4，$D_{L/R}=10^{-5}$。(b)固定时间延迟 $\tau=0.6$，不同乘性噪声 $Dm_{L/R}=10^{-5}$、2×10^{-5}、2.5×10^{-5}，共性参数 $\gamma=0.015$，$M=1$，$L=R=0.5$，$\alpha=3.4$，$\varepsilon=0.5$，$g=3$

稳态概率分布情况(SPDF)如图7-8所示。可以直观看出单眼($E_{L/R}$)获得知觉优势情况，在左眼纳入时间延迟情况下，右眼优势知觉主导权随时间延迟先减小后增加(第2、3列)。而改变双眼加性噪声的值(增加右眼噪声)，随着时间延迟的增加，左眼优势知觉主导权先增加后减小(最右边一列)。

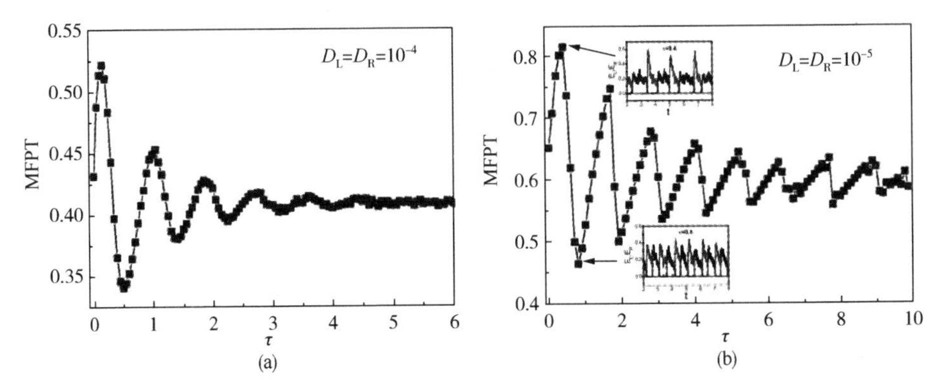

图 7-6　平均知觉持续时间随时间延迟 τ 变化情况。(a)~(b)分别是加性噪声 $D_{L/R}=10^{-4}$、10^{-5}，$Dm_{L/R}=0$。(b)中最高点和最低点分别是 $\tau=0.4$、0.8。其他共性参数见模型描述部分

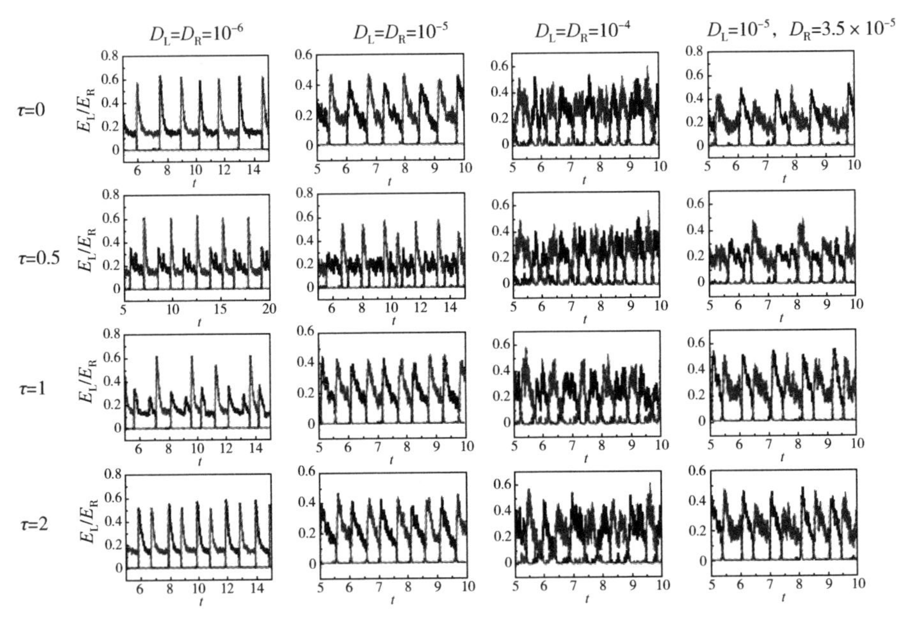

图 7-7　不同噪声和时间延迟下竞争时间演化情况。乘性噪声强度 $Dm_{L/R}=0$，从左往右依次是 $D_L=D_R=10^{-6}$、10^{-5}、10^{-4}，$D_L=10^{-5}$，$D_R=3.5\times10^{-5}$，从上往下依次是 $\tau=0$、0.5、1，2。其他参数同上

图 7-9 上半部分图为自相关函数 C 随自相关时间 τ' 变化情况，在时间延迟效应 τ 的作用下，C 随着自相关时间呈现欠阻尼衰减。当 τ 增加到 0.4 时，虽然 C 出现欠阻尼衰减，但其衰减持续的时间变短，而 τ 的进一步增加使衰减速率又变慢。较慢的衰减速率表明以前的竞争优势对未来的影响更大。图 7-9 下半部分

图(e)~(f)为特征相关时间随时延变化情况，特征相关时间对于τ的某些值有几个极大值，即在延迟时间上出现多相干共振现象，特征相关时间的幅值反映了衰减速率和衰减平坦度。前者影响先前竞争优势与未来竞争优势的相关性，后者影响当前竞争持续时间。

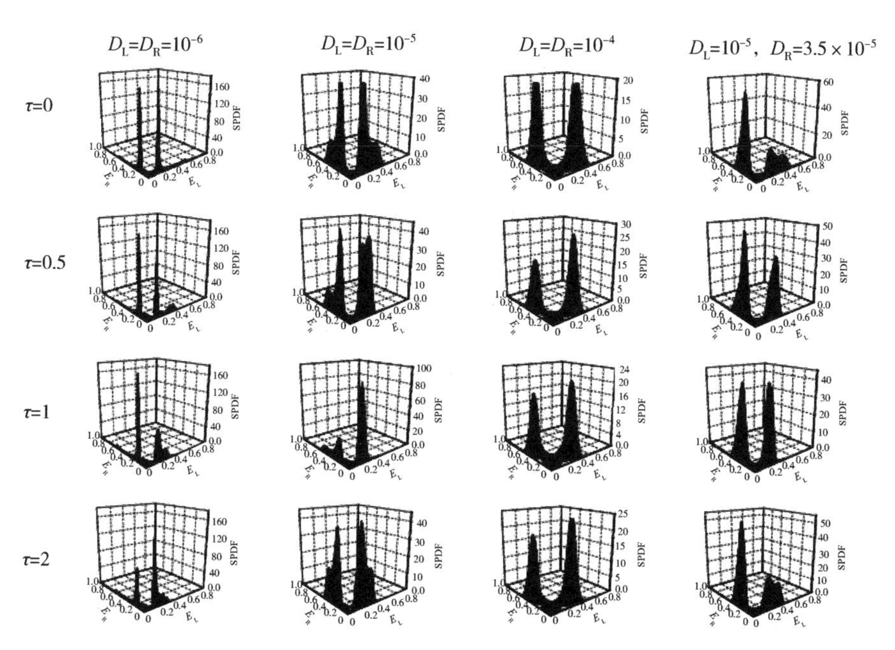

图7-8 不同加性噪声和时间延迟下平稳概率分布函数情况。乘性噪声强度$Dm_{L/R}=0$，从左往右依次是$D_L=D_R=10^{-6}$、10^{-5}、10^{-4}，$D_L=10^{-5}$，$D_R=3.5\times10^{-5}$，从上往下依次是$\tau=0$、0.5、1、2，其他参数同上

数值结果三：时间延迟效应对噪声驱动多稳态知觉行为调控和预测作用数值模拟。

噪声有利于知觉的改变，而时间延迟能够增强知觉的稳定性。这是由于它们在适应调制中的不同作用而发生的。此外，它们能够调节竞争和融合之间的变化模式，特别是对竞争模式的偏见，并使下一个感知的选择是可预测的。接下来是受噪声和双眼感知时间延迟调节的三稳态感知改变数值模拟结果。与无调节相比，双目调节不仅进一步促进了竞争知觉优势，而且对下一感知选择具有一定预测性，具体结果如下。

Case1 无双眼乘性噪声和时间延迟调节($Dm_A=Dm_B=Dm_C$，$\tau_A=\tau_B=\tau_C$)的多稳态感知下，竞争和融合状态平均知觉持续时间基本相同。如图7-10(a)和(b)所示，平均知觉持续时间(MDD)随着噪声增加知觉交替加快，并在最终趋于系统稳定，且延迟时间越大，持续时间越长。由图7-10(c)可知：MDD随延迟增加表现出单调性。

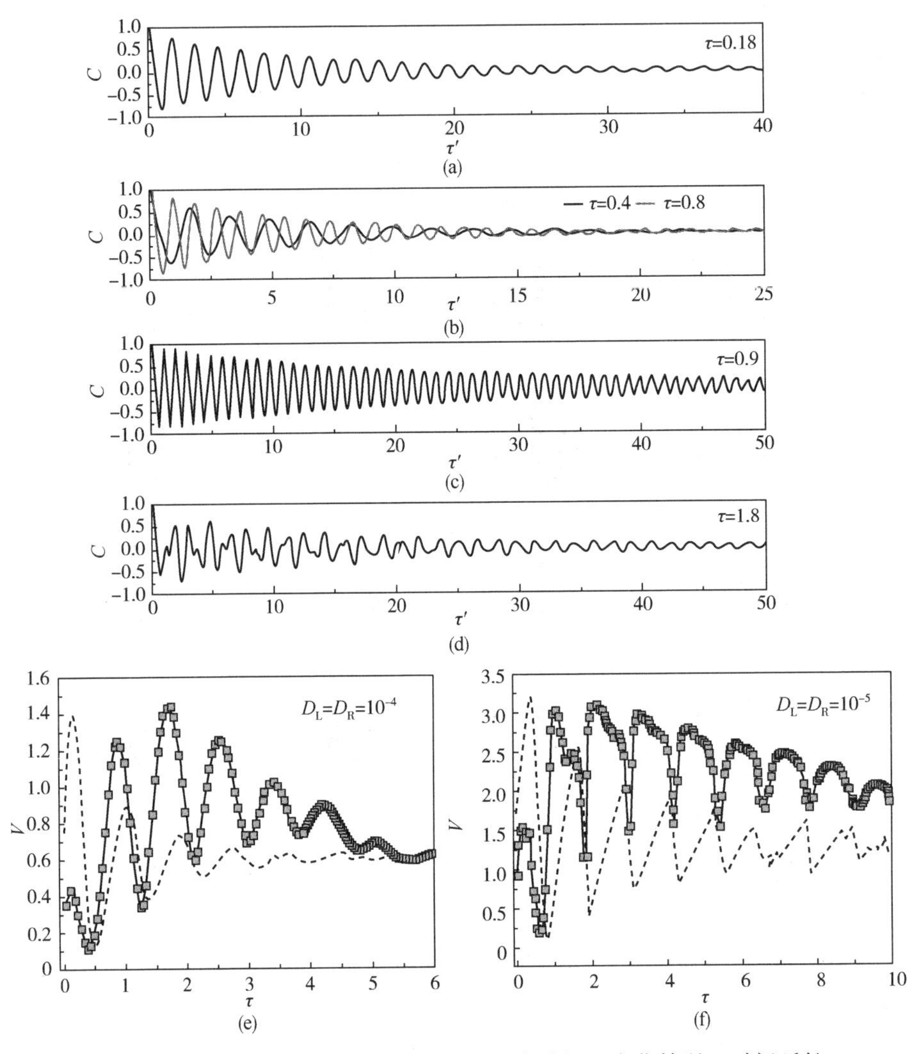

图 7-9　上半部分(a)～(d)为自相关函数 C 随自相关时间 τ'变化情况。时间延长 $\tau=0.18$、0.4、0.8、0.9、1.8，固定加性噪声 $D_{L/R}=10^{-5}$下，$Dm_{L/R}=0$；下半部分(e)～(f)为特征关联时间随延迟时间变化情况，$D_L=D_R=10^{-4}$、10^{-5}，$Dm_{L/R}=0$，其他参数同上

Case2 双眼乘性噪声和时间延迟调节($Dm_A=Dm_B$，$Dm_C=10^{-3.8}$，$\tau_A=\tau_B$，$\tau_C=1$)的多稳态感知下，MDD 随噪声和延迟变化情况如图 7-11 所示，由图 7-11(a)可知：随着$\tau_{A/B}$的增大，竞争和融合状态的差异增大，并在一定噪声下发生主导知觉反转。由图 7-11(b)可知：当 $\tau_{A/B}=2$ 时，MDD 随乘性噪声出现峰值(噪声增强稳定性)。图 7-11(c)所示为 MDD 随延迟时间变化情况，存在最佳的延迟时间使得 MDD 出现峰值，即融合态(-□-)优势持续时间更长。

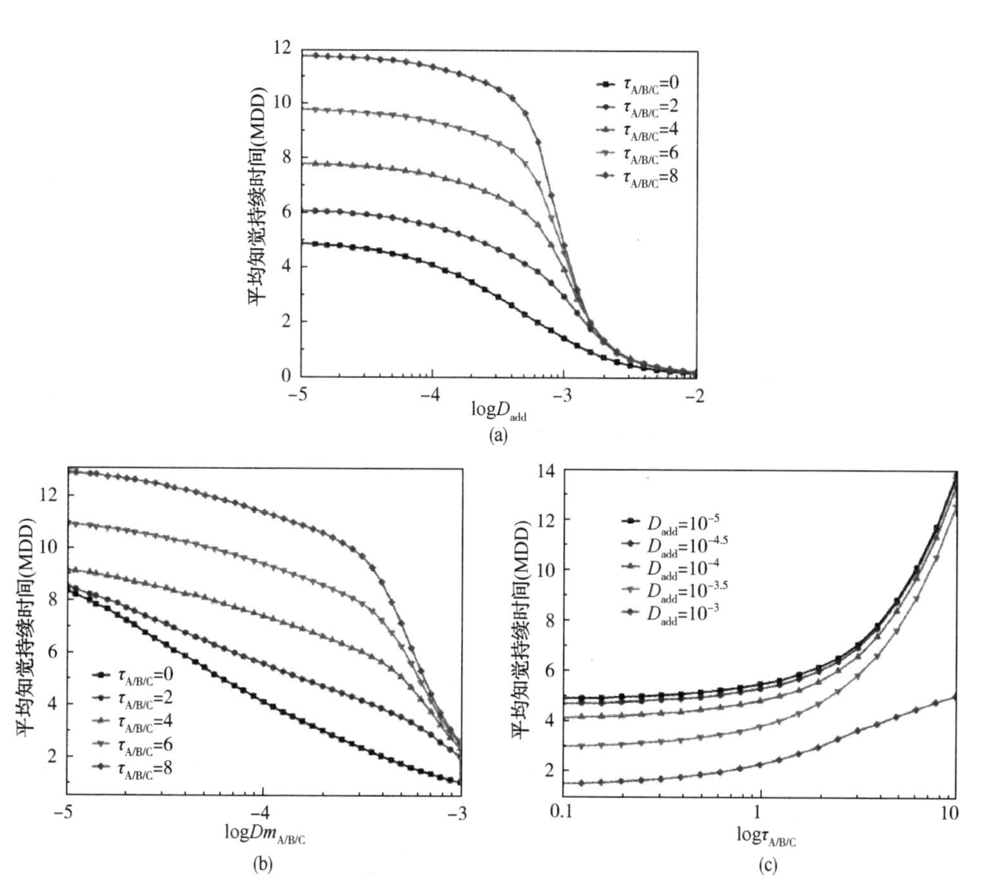

图 7-10 Case1 未经双眼调制情况，不同时延下平均知觉持续时间(MDD)随噪声变化情况。(a)~(b)分别是随加性(固定 $Dm_{A/B/C}=10^{-4}$)和乘性噪声(固定 $D_{add}=10^{-4}$)变化情况，(c)随延迟时间变化，固定 $Dm_{A/B/C}=10^{-4}$，$D_{add}=10^{-5}$、$10^{-4.5}$、10^{-4}、$10^{-3.5}$、10^{-3}。其他参数$\gamma_r=0.01$，$\gamma_H=2$，$\gamma=0.1$，$\alpha=0.75$，$\beta=\eta=\phi=0.5$，$\theta=0.1$，$k=0.05$，$\lambda_{add}=\lambda_{mul}=15$，$g_A=g_B=g_C=0.01$

图 7-12 所示为 Case1 未经双眼调制下，不同时延下有序度 R 和竞争融合系数 RFI 随加性噪声变化情况。由图 7-12(a)可知：竞争融合系数 RFI 随加性噪声变化波动更大(-0.1~0.32)，并同样在随噪声变化情况下先递增后趋于稳定，且在延迟为 0 时更偏向于融合态(-■-，RFI 越靠近-1 表示越趋向于融合态)。由图 7-12(b)可知：RFI 随乘性噪声增加出现峰值最终趋于稳定，并在噪声为 $10^{-3.5}$达到最大。固定噪声条件，随时延增加，RFI 增加，系统更偏向于竞争态。此外，在竞争融合系数较为集中时，有序度很好地反映了该部分的序列有序程度，发现延迟效应对于有序程度的作用效果显著。

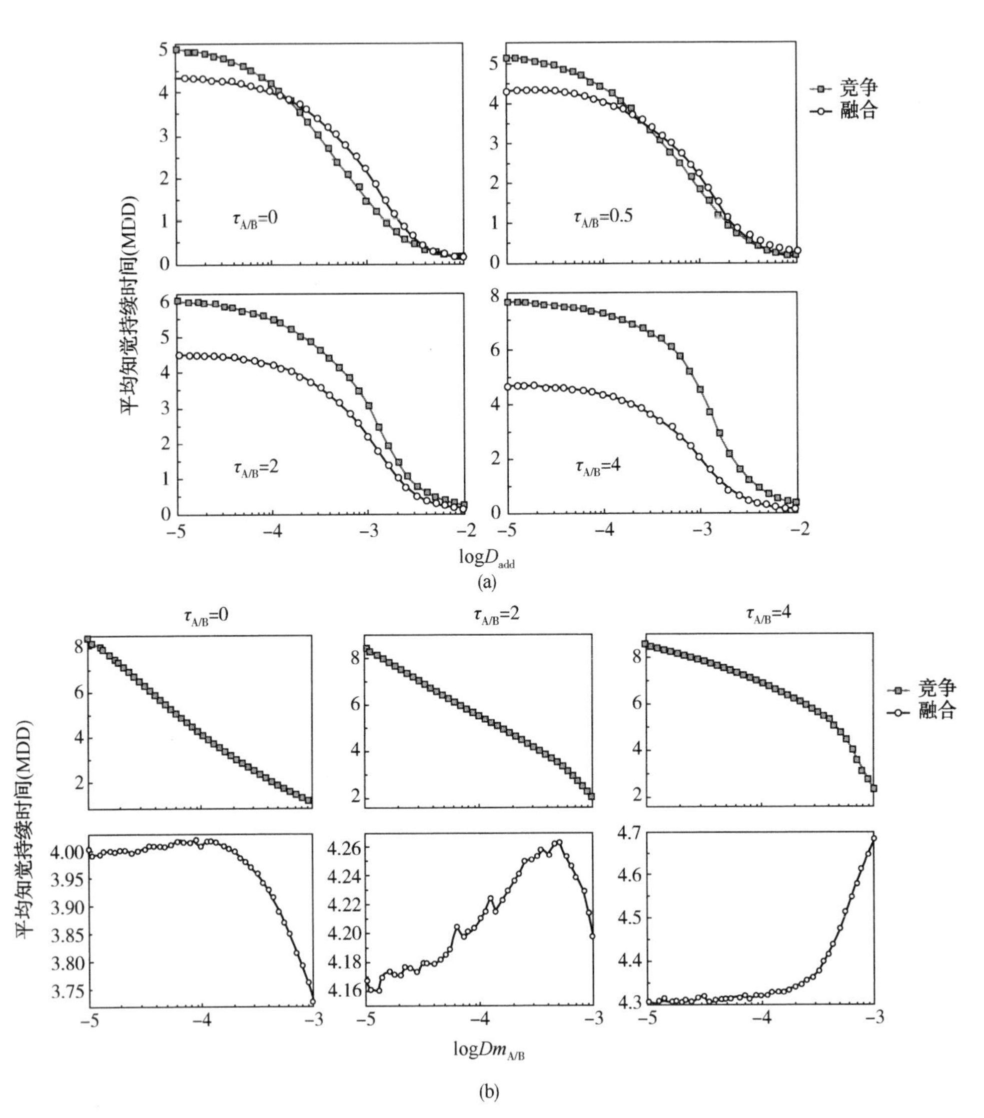

图 7-11　Case2 经双眼调制情况（$Dm_C=10^{-3.8}$，$\tau_C=1$），不同时间延迟下平均知觉持续时间（MDD）随噪声变化情况。（a）和（b）分别是随加性噪声（固定 $Dm_{A/B}=10^{-4}$，$\tau_{A/B}=0$、0.5、2、4）和乘性噪声（固定 $D_{add}=10^{-4}$，$\tau_{A/B}=0$、2、4）变化情况，（c）MDD 随延迟时间变化，固定 $Dm_{A/B}=10^{-4}$，$D_{add}=10^{-5}$、$10^{-3.5}$。其他参数同上

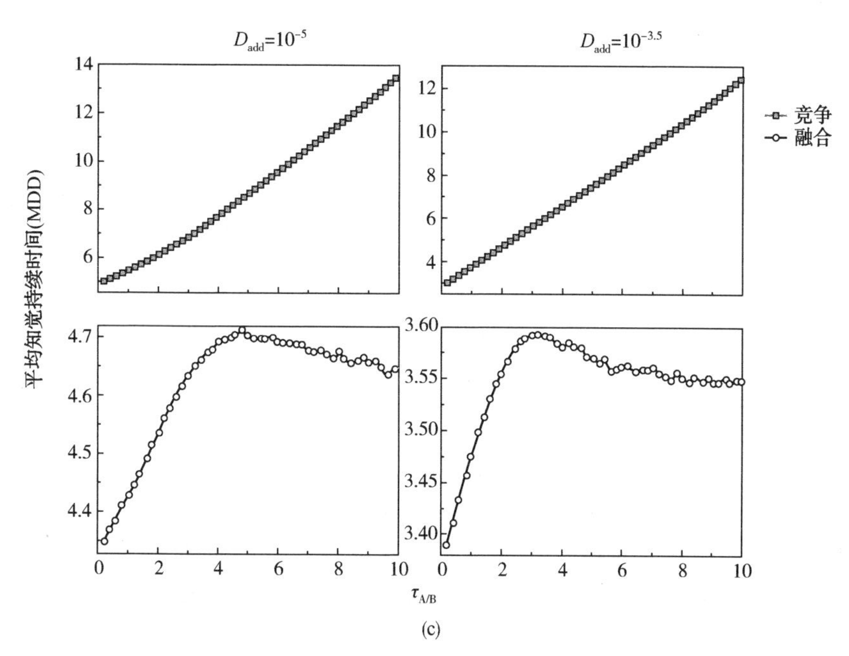

图 7-11　Case2 经双眼调制情况($Dm_C = 10^{-3.8}$，$\tau_C = 1$)，不同时间延迟下平均知觉持续时间(MDD)随噪声变化情况。(a)和(b)分别是随加性噪声(固定 $Dm_{A/B} = 10^{-4}$，$\tau_{A/B} = 0$、0.5、2、4)和乘性噪声(固定 $D_{add} = 10^{-4}$，$\tau_{A/B} = 0$、2、4)变化情况，(c)MDD 随延迟时间变化，固定 $Dm_{A/B} = 10^{-4}$，$D_{add} = 10^{-5}$、$10^{-3.5}$。其他参数同上(续)

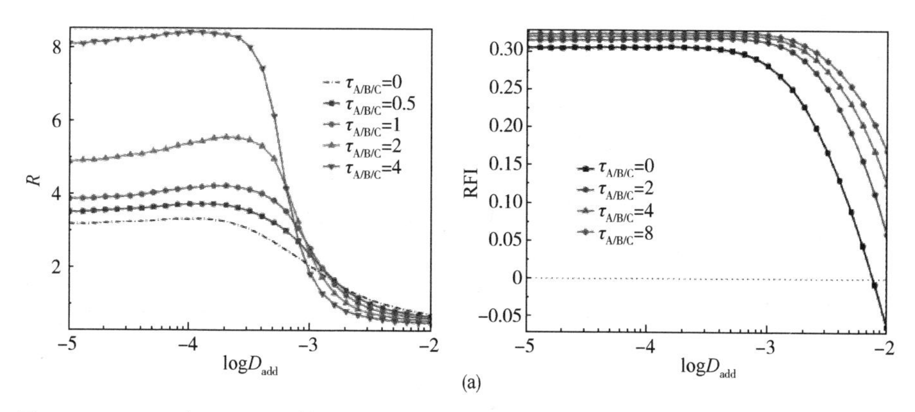

图 7-12　Case1 未经双眼调制下，不同时延下有序度 R 和竞争融合系数 RFI 随噪声变化情况。(a)随加性噪声变化，$\tau_{A/B/C} = 0$、0.5、1、2、4，$Dm_{A/B/C} = 10^{-4}$；(b)随乘性噪声变化，$\tau_{A/B/C} = 0$、2、4、8，$D_{add} = 10^{-4}$。其他参数同上

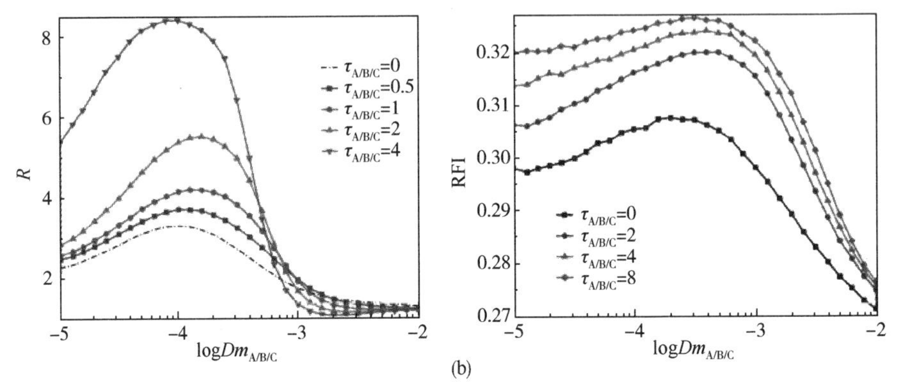

图 7-12　Case1 未经双眼调制下，不同时延下有序度 R 和竞争融合系数 RFI 随噪声变化情况。(a)随加性噪声变化，$\tau_{A/B/C}=0$、0.5、1、2、4，$Dm_{A/B/C}=10^{-4}$；(b)随乘性噪声变化，$\tau_{A/B/C}=0$、2、4、8，$D_{add}=10^{-4}$。其他参数同上(续)

图 7-13 为经过双眼调制下的 RFI 随噪声和时间延长变化情况。类似地，RFI 随加性噪声变化峰值更加突出(如$\tau_{A/B}=2$，4，8)，而随乘性噪声则表现出单调性。时间延迟会在较小情况(如$\tau_{A/B}=1$)下发挥作用，如加性噪声为 10^{-3} 和 10^{-5} 时，RFI 波动较大，显然在小外部噪声和小延迟时系统更偏向于竞争状态。

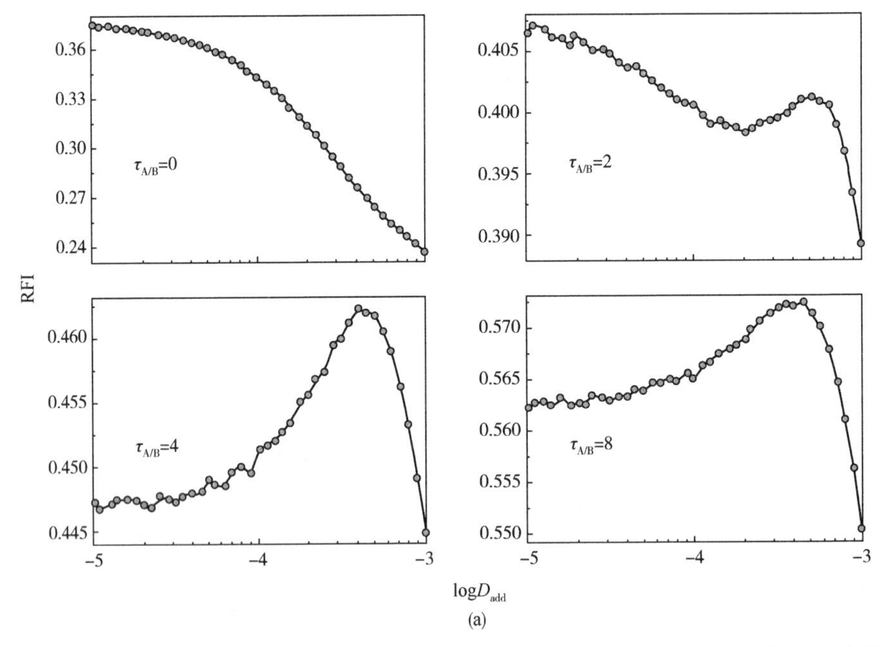

图 7-13　Case2 经双眼调制下($Dm_C=10^{-3.8}$，$\tau_C=1$)，不同时延下竞争融合系数 RFI 随噪声变化情况。(a)随加性噪声变化，$\tau_{A/B}=0$、2、4、8，$Dm_{A/B}=10^{-4}$；(b)随乘性噪声变化，$\tau_{A/B}=0$、2、4、8，$D_{add}=10^{-4}$；(c)随延迟时间变化，$D_{add}=10^{-5}$、$10^{-4.5}$、10^{-4}、$10^{-3.5}$、10^{-3}，$Dm_{A/B}=10^{-4.5}$。其他参数同上

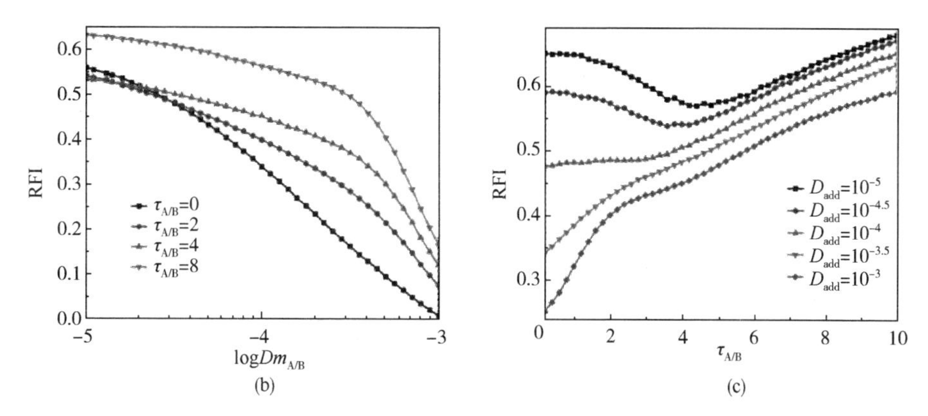

图 7-13　Case2 经双眼调制下($Dm_C=10^{-3.8}$，$\tau_C=1$)，不同时延下竞争融合系数 RFI 随噪声变化情况。(a)随加性噪声变化，$\tau_{A/B}=0$、2、4、8，$Dm_{A/B}=10^{-4}$；(b)随乘性噪声变化，$\tau_{A/B}=0$、2、4、8，$D_{add}=10^{-4}$；(c)随延迟时间变化，$D_{add}=10^{-5}$、$10^{-4.5}$、10^{-4}、$10^{-3.5}$、10^{-3}，$Dm_{A/B}=10^{-4.5}$。其他参数同上(续)

图 7-14(a)所示为 Case1 未经双眼调制的知觉持续时间分布情况。可知：知觉竞争和知觉融合态知觉持续时间基本一致(因此每个条件只用一条线画出)，在同一加性噪声下，增加乘性噪声[如(a)和(b)]水平，持续时间 MDD 分布更加集中(峰更尖)且峰值往左偏移；固定乘性噪声增加加性噪声同样出现峰值的集中和往左偏移[图 7-14(a)和(c)]，无论是内部乘性噪声还是外部加性噪声，都会促进知觉交替。在固定噪声条件下，增加时延，峰值往右偏移，增强了持续时间和系统稳定。

图 7-15 所示为 Case2 经双眼调制的知觉持续时间分布情况，延迟时间打破了系统的平衡，使得竞争和融合态的权重差异更大[如图 7-15(d)中$\tau_{A/B}=8$时的双峰，点虚线为竞争状态持续时间接近融合态的 3 倍]，而在无延迟时[图 7-15(a)和(e)]，竞争和融合态的分布只有极小的差异，但融合态分布更为集中(虚线)。

前面介绍过，我们将 $r_A \to r_C \to r_B$ 定义为前向知觉切换，而 $r_A \to r_C \to r_A$ 则表示后向知觉切换。如图 7-16(a)所示，在 Case1 未经双眼调制下，前向知觉切换概率 SFP 随噪声变化，在一定噪声条件下，切换概率出现峰值且趋近于 1(如 P 点，在 $Dm_{A/B/C}=10^{-4}$，$\tau_{A/B/C}=8$，$D_{add}=2\times10^{-4}$)，系统十分稳定和有规律，使得下一时刻的知觉状态可预测；而当噪声增大时，出现一个谷，系统在此状态下表现出混沌不可预测。同样，SFP 随乘性噪声也出现峰值；图 7-16(c)所示为 SFP 随延迟时间变化情况，$\tau_{A/B/C}=5$ 附近出现最大切换概率，而加性噪声在 $10^{-5}\to10^{-3.5}$ 范围几乎失去作用，进一步加大加性噪声强度，峰值往左偏移且最大概率下降(0.9→0.7)。

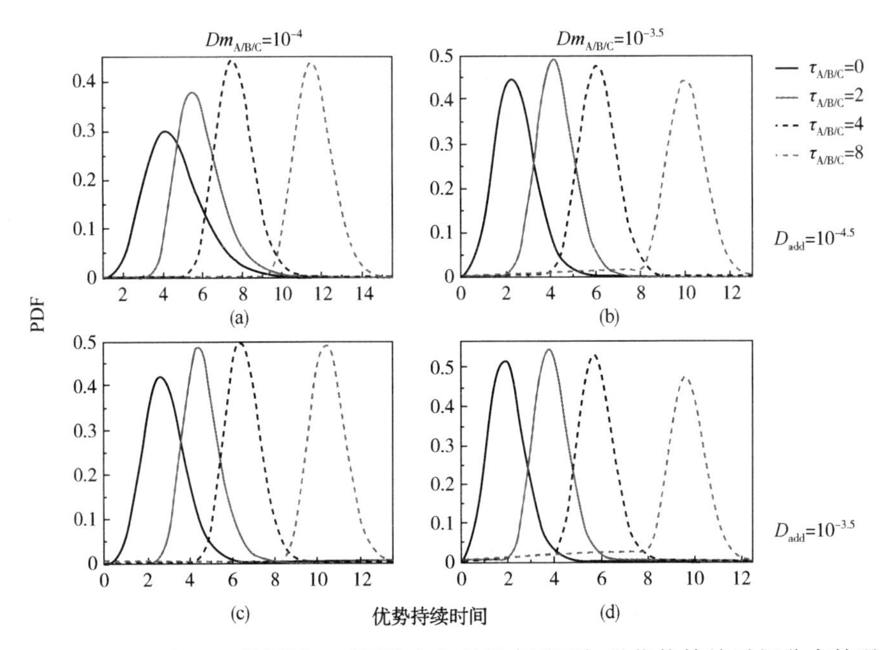

图 7-14 Case1 未经双眼调制，不同噪声和延迟水平下知觉优势持续时间分布情况。$\tau_{A/B/C}=0$、2、4、8，(a) $Dm_{A/B/C}=10^{-4}$，$D_{add}=10^{-4.5}$；(b) $Dm_{A/B/C}=10^{-3.5}$，$D_{add}=10^{-4.5}$；(c) $Dm_{A/B/C}=10^{-4}$，$D_{add}=10^{-3.5}$；(d) $Dm_{A/B/C}=10^{-3.5}$，$D_{add}=10^{-3.5}$。其他参数同上

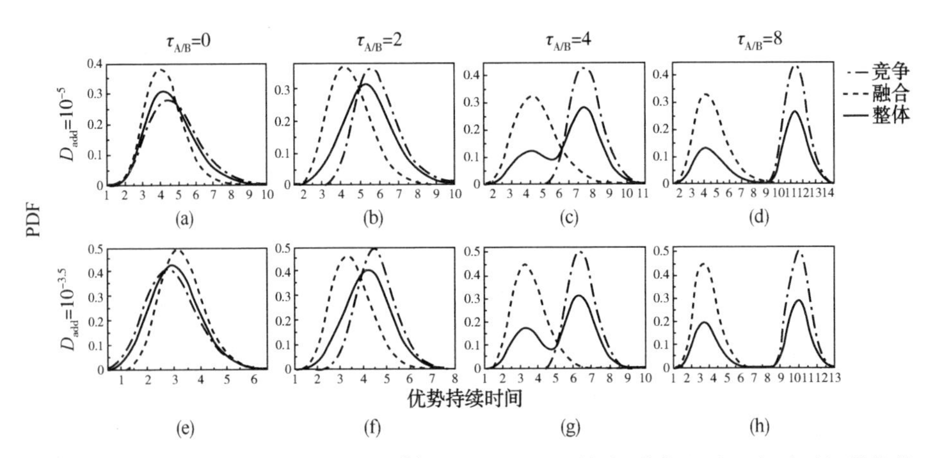

图 7-15 Case2 经双眼调制($Dm_C=10^{-3.8}$，$\tau_C=1$)，不同加性噪声和延迟水平下知觉优势持续时间分布情况。$Dm_{A/B}=10^{-4}$，$Dm_C=10^{-3.8}$，$\tau_C=1$。(a)~(d)依次是 $D_{add}=10^{-5}$时，$\tau_{A/B}=0$、2、4、8；(e)~(h)分别是 $D_{add}=10^{-3.5}$时，$\tau_{A/B}=0$、2、4、8。其他参数同上

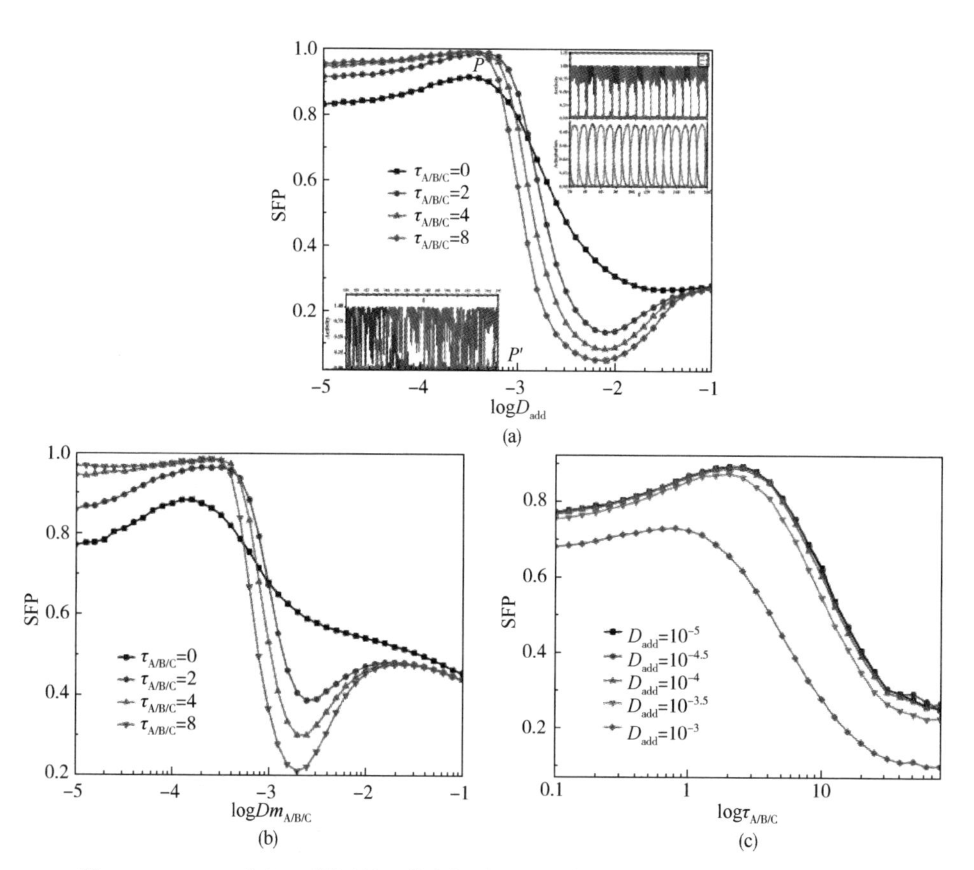

图 7-16　Case1 未经双眼调制，前向知觉切换概率 SFP 随噪声和时延变化情况。(a) $Dm_{A/B/C}=10^{-4}$，$\tau_{A/B/C}=0$、2、4、8，P 为 $\tau_{A/B/C}=8$ 在 $D_{add}=2\times10^{-4}$，P'在 $D_{add}=10^{-3.8}$；(b) $D_{add}=10^{-4}$，$\tau_{A/B/C}=0$、2、4、8；(c) $Dm_{A/B/C}=10^{-3.2}$，$D_{add}=10^{-5}$、$10^{-4.5}$、10^{-4}、$10^{-3.5}$、10^{-3}。其他参数同上

对比 Case1 未经双眼噪声和时延调制情况，Case2 调制后结果如图 7-17 所示。总体趋势接近，SFP 在 A、B 态延迟较小时出现峰值，但在 $\tau_{A/B}=8$ 时峰值消失，这是由于调制的 C 状态($\tau_C=1$)和 A、B 的延迟差异过大导致，因此，若是某一状态延迟过大会导致整个系统平衡性变差，且知觉切换规律变得复杂和不可预测。如弱视的单眼在某些任务上存在很强的抑制和时间延迟，这也说明弱视在双眼竞争中表现出更丰富的行为和更不可能控的知觉切换规律。

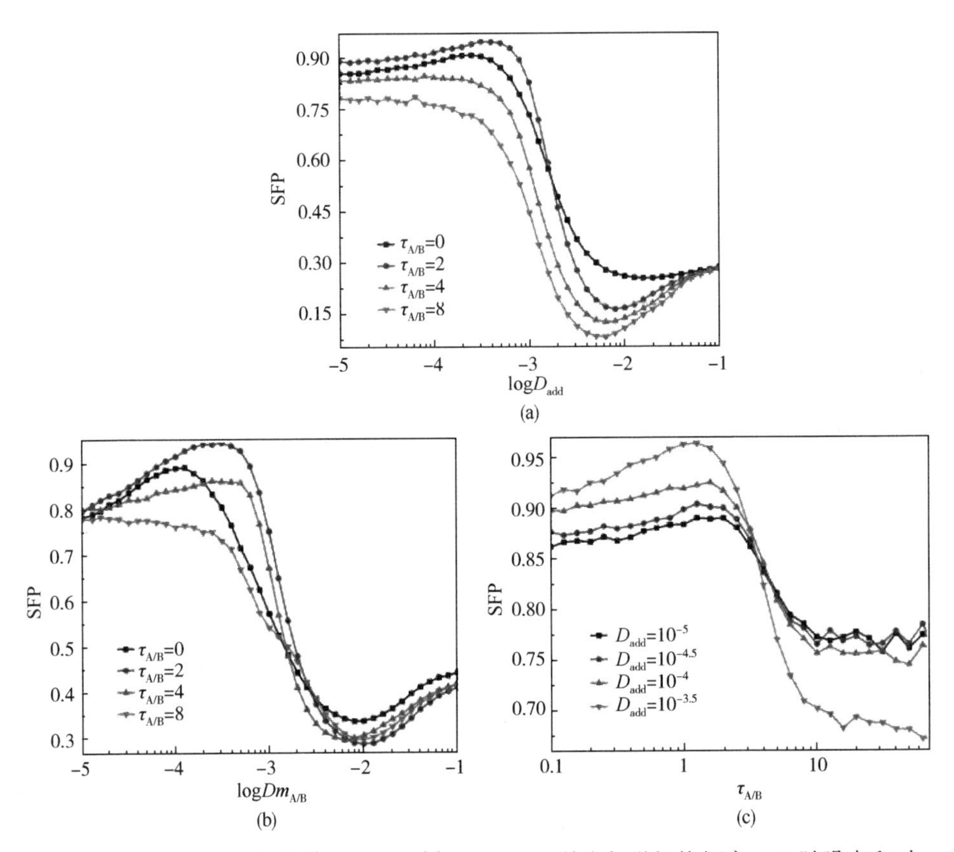

图 7-17　Case2 经双眼调制($Dm_C = 10^{-3.8}$，$\tau_C = 1$)，前向知觉切换概率 SFP 随噪声和时延变化情况，(a)$Dm_{A/B} = 10^{-4}$，$\tau_{A/B} = 0$、2、4、8；(b)$D_{add} = 10^{-4}$，$\tau_{A/B} = 0$、2、4、8；(c)$Dm_{A/B} = 10^{-4}$，$D_{add} = 10^{-5}$、$10^{-4.5}$、10^{-4}、$10^{-3.5}$。其他参数同上

7.4　本章小结

神经噪声及时间延迟效应在神经系统中是普遍存在的，它们一定程度上改变了神经元本身的发放从而影响该系统的实际功能。传统 Wilson 双稳态知觉模型认为间接抑制和弱自适应过程是知觉交替的关键，模型对于神经元特性和外部刺激的属性有较好的解释，但却忽视了真实神经系统的嘈杂和延迟环境对其的作用。Rubin 等基于双稳态吸引子模型的研究虽然指出噪声能够驱动知觉交替，但对噪声如何影响调控知觉交替以及对应的交替规律等仍不清晰。此外，错觉性融合是双稳态竞争的一个重要特点。这种现象的出现使得人们对视觉信息加工产生了新看法，即尽管不相容的刺激叠加为一个模糊的图像，但大脑依旧能形成一个

稳定的融合知觉。因此，为理解大脑对歧义或模糊视觉信息的加工机制，对融合知觉的研究必不可少。换句话说，从双稳态知觉到三稳态知觉的转变是研究知觉交替的必要步骤。而多稳态问题在非平衡统计中十分常见，并且通常与噪声和延迟相联系。因此，针对三稳态知觉交替的研究考虑噪声与时间延迟效应仍是必要的。区别于双稳态知觉，三稳态知觉不仅需要关注知觉竞争的时间模式，更重要的是认识知觉在多稳态之间的相互转变机制。目前，研究者一直局限于传统的双眼竞争心理物理指标(如知觉持续时间和交替速率)，仅仅计算这些量显然无法满足对知觉稳态转变机制的研究。

针对以上问题，本章从经典的 Wilson 双稳态模型入手，研究了内部乘性和外部加性噪声及其关联情况下噪声对双稳态系统的调控作用。数值结果表明：噪声在调控知觉交替方面起着重要作用，即噪声有利于感知的改变(优势持续时间的减少)，内部乘性噪声在增强系统稳定性方面发挥重要作用，并且可能来自同一起源的关联噪声同样是双眼竞争知觉交替行为的调控因素(噪声正关联在较大噪声强度下可增强知觉切换稳定性，噪声负关联则反之)。

同时拓展了双稳态吸引子模型，研究了噪声和时间延迟作用下三稳态知觉交替模型时间延迟效应的作用并结合噪声共同调控和预测知觉选择。数值结果表明：时间延迟能够增强感知的稳定性(优势持续时间的增加)。噪声/时间延迟对优势改变的影响是噪声/时间延迟引起了适应性改变的结果，噪声和时间延迟不仅调节了竞争与融合之间的改变模式，而且使下一个感知的选择具有可预测性，即下一感知倾向于在波动小时选择前向开关(经过某一解释的知觉竞争态优势主导过渡到知觉融合态后，优势知觉主导权跳转至代表另一种解释的竞争态)，而在波动大时选择后向开关(经过某一解释的知觉竞争态优势主导过渡到知觉融合态后，优势知觉主导权跳回至代表原本解释的竞争态)。结果表明：噪声和时间延长在三稳态知觉交替的调控和预测中起着重要作用，这也为后续进一步扩展的多稳态知觉交替行为规律和背后神经机制提供了有力证据。研究结果对于噪声在知觉交替行为中作用的相关研究具有重要启发意义。

参 考 文 献

[1] HUGUET G, RINZEL J, HUPE J M. Noise and adaptation in multistable perception: Noise drives when to switch, adaptation determines percept choice [J]. Journal of Vision, 2014, 14(3): 19.

[2] SEELY J, CHOW C C. Role of mutual inhibition in binocular rivalry[J]. Journal of Neurophysiology, 2011, 106(5): 2136-2150.

[3] ROUMANI D, MOUTOUSSIS K. Binocular rivalry alternations and their relation to visual adaptation[J]. Frontiers in Human Neuroscience, 2012, 6(1): 35.

[4] PELEKANOS V, ROUMANI D, MOUTOUSSIS K. The effects of categorical and linguistic adaptation on binocular rivalry initial dominance[J]. Frontiers in Human Neuroscience, 2012, 5: 187.

[5] WOLF M, HOCHSTEIN S. High-level binocular rivalry effects[J]. Frontiers in Human Neuroscience, 2011, 5.

[6] QIU S X, CALDWELL C L, YOU J Y, et al. Binocular rivalry from luminance and contrast[J]. Vision Research, 2020, 175: 41-50.

[7] MORENO-BOTE R, SHPIRO A, RINZEL J, et al. Alternation rate in perceptual bistability is maximal at and symmetric around equi-dominance[J]. Journal of Vision, 2010, 10(11): 1.

[8] SAID C P, HEEGER D J. A model of binocular rivalry and cross-orientation suppression[J]. Plos Computational Biology, 2013, 9(3): e1002991.

[9] SCOCCHIA L, VALSECCHI M, GEGENFURTNER K R, et al. Differential effects of visual attention and working memory on binocular rivalry[J]. Journal of Vision, 2014, 14(5): 13.

[10] BRASCAMP J W, VAN EE R, NOEST A J, et al. The time course of binocular rivalry reveals a fundamental role of noise[J]. Journal of Vision, 2006, 6(11): 1244-1256.

[11] 冯成志，贾凤芹．双眼竞争研究现状与展望[J]．心理科学进展，2008，16(2)：9.

[12] YE X, ZHU R L, ZHOU X Q, et al. Slower and less variable binocular rivalry rates in patients with bipolar disorder, OCD, Major Depression, and Schizophrenia[J]. Frontiers in Neuroscience, 2019, 13: 514.

[13] SPIEGEL A, MENTCH J, HASKINS A J, et al. Slower Binocular Rivalry in the Autistic Brain[J]. Current Biology, 2019, 29(17): 2948.

[14] JIA T, CAO L, YE X, et al. Difference in binocular rivalry rate between major depressive disorder and generalized anxiety disorder[J]. Behavioural Brain Research, 2020, 391: 112704.

[15] NAGAMINE M, YOSHINO A, YAMAZAKI M, et al. Accelerated binocular rivalry with anxious personality[J]. Physiology & Behavior, 2007, 91(1): 161-165.

[16] RICHARD B, CHADNOVA E, BAKER D H. Binocular vision adaptively suppresses delayed monocular signals[J]. Neuroimage, 2018, 172: 753-765.

[17] SPAGNOLO B, VALENTI D, FIASCONARO A. Noise in ecosystems: A short review[J]. Mathematical Biosciences and Engineering, 2004, 1(1): 185-211.

[18] ISAAC M A, JAMES R, OLIVIER F, et al. The relative contribution of noise and adaptation to competition during tri-stable motion perception[J]. Journal of Vision, 2016, 16(15): 6.

[19] WILSON H R. Computational evidence for a rivalry hierarchy in vision[J]. Proceedings of the National Academy of Sciences of the United States of America, 2003, 100(24): 14499-14503.

[20] MORENO-BOTE R, RINZEL J, RUBIN N. Noise-induced alternations in an attractor network model of perceptual bistability[J]. Journal of Neurophysiology, 2007, 98(3): 1125-1139.